绿 茄

茄子嫁接

茄子嫁接苗

新型腔囊式
温室外观

1

竹木结构大棚

空心保温被

竹木结构温室
棚膜固定

钢筋骨架塑料大棚

竹木结构温室
栽培茄子

钢筋无柱温室
栽培茄子

小拱棚栽培茄子

大小行栽培茄子

茄子黄萎病
苗期危害状

茄子黄萎病结
果期危害状

茄子菌核病危害茎

茄子菌核病危害花

茄子绵疫病危害茎

茄子绵疫病危害果

茄子白粉虱

保护地园艺生产新技术丛书

茄子保护地栽培
（第2版）

主 编

吴国兴

副主编

于 辉 冯艳秋

编著者

乔 军 王 宏 姜兴盛 戴艳伟

本丛书为"十五"国家重点图书

金盾出版社

内 容 提 要

本书由我国塑料大棚温室的发明者、蔬菜种植专家吴国兴教授主编。本书第一版2001年出版以来，已经6次印刷，深受广大农民欢迎。作者根据10年来茄子育种和栽培技术的更新发展，对第一版内容进行了修订，反映了茄子最新科研成果和高产典型经验。主要内容有茄子栽培的生物学基础、茄子栽培的保护设施、茄子周年栽培技术和茄子病虫害防治等。本书内容科学实用、先进性、实用性强，语言通俗易懂，适合广大农民和基层农业技术人员阅读，亦可供农业院校相关专业师生参考。

图书在版编目(CIP)数据

茄子保护地栽培/吴国兴主编 . -- 第2版 . -- 北京：金盾出版社，2011.9

（保护地园艺生产新技术丛书）

ISBN 978-7-5082-7115-6

Ⅰ.①茄… Ⅱ.①吴… Ⅲ.①茄子—保护地栽培 Ⅳ.①S626

中国版本图书馆CIP数据核字(2011)第155695号

金盾出版社出版、总发行

北京太平路5号(地铁万寿路站往南)

邮政编码：100036 电话：68214039 83219215

传真：68276683 网址：www.jdcbs.cn

封面印刷：北京蓝迪彩色印务有限公司

彩页正文印刷：北京金盾印刷厂

装订：永胜装订厂

各地新华书店经销

开本：850×1168 1/32 印张：5.5 彩页：4 字数：124千字

2011年9月第2版第7次印刷

印数：40 001～48 000册 定价：11.00元

前　言

　　我国即将加入世界贸易组织。"入世"后,劳动生产率低下的粮食、棉花、油料、食糖等生产,其产品在国际市场竞争中将处于劣势,而蔬菜、水果和花卉生产,特别是保护地园艺等劳动密集型、技术密集型产业,由于产品的价位和生产成本远远低于世界水平,则会处于相对有利的竞争地位。

　　改革开放以来,在党的富民政策指引下,保护地园艺生产迅速发展起来,成了农民脱贫致富、奔向小康的新兴产业。在农业产业结构调整中,保护地园艺生产规模不断扩大,栽培种类也越来越多。然而,保护地园艺生产技术性强,很多农民朋友尚缺乏经验,对各种保护地设施的类型、建造、小气候特点,园艺作物的生育规律,配套的栽培技术等亟须了解和掌握。为此,我们组织一批理论造诣较深、实践经验丰富的专家和园艺科技工作者,编写了《保护地园艺生产新技术丛书》。《丛书》共30册。其中,保护地设施类型与建造1册,蔬菜18册,果树6册,花卉5册。各册自成体系,从应用的保护地设施类型、建造、环境特点,到一种或一类园艺作物的配套栽培技术,均进行了系统、全面的介绍。为了便于农民朋友理解和掌握,《丛书》采用问答形式,各册把设施建造和栽培技术归纳成问题100个左右,逐题进行解答。《丛书》力求反映最新科技成果,客观介绍高产典型经验,认真探索生产上迫切需要解决的问题。在理论上贴近生产,深入浅出;在内容上系统完整,重点突出；在技术上集成创新，重视可操作性；在表述上简明扼要，通俗易懂，使农民朋友看了能懂，照着做能获得较好效益。

《丛书》适用范围为长江以北地区，长江以南地区可作参考。主要读者对象是从事保护地园艺生产的农民、基层农业技术推广人员，也可作为农业院校学生的参考书。《丛书》的编写参考了有关学者、专家的著作资料，在此一并表示感谢！由于时间仓促和水平所限，书中错误、疏漏和不当之处在所难免，恳请专家、学者和广大读者批评指正。

编委会

2001 年 4 月

再版前言

　　《茄子保护地栽培》2001 年出版发行以来，已经 6 次印刷，深受广大读者欢迎。随着蔬菜产业的发展，蔬菜栽培技术、科研成果以及典型经验的不断涌现，初版内容已经很难适应新形势的需要。为此，我们调整了编著人员，对第一版重新编排并进行全面修订。

　　修订版的《茄子保护地栽培》扩展为周年生产，力求反映最新科研成果及高产典型经验，符合无公害生产的要求；在理论上贴近生产，深入浅出；在内容上系统完整，追求实用；在技术上集成创新，科学先进，实用性强；在表述上简明扼要，通俗易懂，可接受性强，使农民朋友看得懂，照着做就能有效益。

　　本书在修订时参考了有关学者、专家的著作资料，在此表示感谢！由于水平所限，书中错误和不当之处在所难免，敬请批评指正。

编著者

2011 年 7 月

目 录

第一章　茄子栽培的生物学基础

一、茄子的起源及营养价值

(一)茄子的起源及栽培概况

茄子是茄科植物,起源于热带印度的东部,在印度最早进行驯化栽培。在1600年前传入我国。《齐民要术》(405—556)中有关于茄子栽培的记载,对茄子的栽培、采种和需水量等有详细的叙述。在《本草拾遗》(713)中有"隋炀帝改茄子为昆仑紫瓜"的记载。

茄子在热带为多年生灌木,在我国广大地区普遍栽培,由于受气候条件的限制,成为一年生草本植物。由于栽培历史悠久,栽培范围广泛,茄子的品种资源极为丰富,很早以来就成为夏秋季的主要果菜类蔬菜之一。

茄子是喜温蔬菜,北方广大地区无霜期短,冬季漫长,生产季节性与消费均衡性矛盾突出,靠南方运输,很难保证鲜嫩的品质,所以长期以来冬春季茄子始终处于空白状态。

20世纪90年代以来,由于保护地蔬菜反季节栽培的发展,茄子与其他果菜类一样,已经实现了周年生产,每天都有新采收的茄子上市。

(二)茄子的营养价值

茄子以鲜果供食,茄子的果实中含有较多的营养物质。据测定:每100克鲜果中,含碳水化合物3.6克,蛋白质1.1克,脂肪

0.2 克, 胡萝卜素 50 微克, 维生素 B_1 0.02 毫克, 维生素 B_2 0.04 毫克, 烟酸 0.6 毫克, 维生素 C 5 毫克, 维生素 E 1.13 毫克, 钙 24 毫克, 磷 2 毫克, 铁 0.5 毫克, 膳食纤维 1.3 毫克。其中蛋白质、维生素 B_2 的含量都比番茄含量高。

食用茄子有降低体内血液中胆固醇、防止动脉硬化的作用, 被称为保健蔬菜之一。

二、茄子的形态特征

(一)根

茄子根系发达, 属于纵型直根性作物。主根粗壮, 垂直生长旺盛, 一般超过 1 米, 在土质疏松的条件下甚至可达 2 米; 侧根比较短, 分布范围较小, 地表下 5~10 厘米范围内有大量的侧根分布, 并向下延伸, 主要根群分布在 30 厘米深的土层中。

茄子的根系发育与土质、土壤肥力和品种有关, 如土质疏松, 土壤肥力好, 侧根数量多; 土质通透性差, 肥力低则侧根少。植株横向生长的品种侧根多, 根群横向发展。直立性、生长势强的品种, 根群垂直向下生长较多。

茄子幼苗期的根横向伸长晚, 伤根后恢复慢, 不宜多次移植。茄子育苗应加强根系保护, 生产上普遍采用容器育苗。

(二)茎

茄子茎圆、直立, 较粗壮, 紫色或绿色因品种而异。株高 60~100 厘米, 成株木质化。茄子植株为假双叉分枝, 主茎分化 5~12 个叶原基后, 顶芽分化为花芽, 花芽下的两个侧芽发育生长呈"Y"形, 形成一级侧枝; 一级侧枝分化 1~3 个叶原基后, 顶芽又分化成花芽, 花芽的两个侧芽发育生长形成二级侧枝, 如此继续分化花芽,形成三级、四级分枝。茄子的分枝按几何级数增加,第一次分枝结1个茄子称为门茄;二级分枝形成4个侧枝结2个茄子称为对茄,三级分枝形成8个侧枝,结4个茄子,称四面斗茄子;四级分枝形成16个侧枝,结8个茄子,称八面风茄子;再往上称为满天星茄子。

(三)叶

茄子的叶为单叶互生,有较长的叶柄,稍呈卵状椭圆形,叶缘波浪形有缺刻,背面有刺毛,叶片先端有尖形和钝形。叶长15～40厘米,长茄品种叶片狭长,圆茄品种叶片短宽。紫茄品种茎、叶脉均为紫色,叶片紫色或绿色;绿茄和白茄品种,叶脉、叶片均为绿色。

(四)花

茄子的花为两性花,即完全花,一般单生,有的品种2～3朵花簇生,多数只有1朵花能结果,也有能结2～3个果的,但果实小且不整齐。茄子的花有花瓣5～6片,基部合成筒状,形成钟形花冠。一般具有4片叶时开始花芽分化,早熟品种具5～6片叶时现蕾,中晚熟品种具7～14片叶现蕾。茄子自花授粉,也有一定的自然杂交率。开花时花药顶孔开裂,散出花粉。茄子花按雌蕊的长短可分为长柱花、中柱花和短柱花(图1)。长柱花柱头高出花药,能正常授粉,也容易受精。短柱花柱头低于花药,不能授粉,不能结果。中柱花属于中间类型,有的能结果,但坐果率低。茄子花的素质决定坐果率,花的素质则由营养条件及植株生长势决定。温度适宜,光照充足,肥水适宜,植株生长旺盛,形成的长柱花就多,花的素质好,坐果率高。温度偏低,光照不足,土壤干旱,营养不良,植株生长势弱,容易出现短柱花和中柱花,坐果率必然降低。

长柱花　　　　　　　中柱花　　　　　　短柱花

图 1　茄子花的类型

（五）果　实

茄子的果实为浆果，以嫩果供食用。果实是由子房发育而成的。果皮是由子房壁发育的，分为外果皮、中果皮和内果皮。外果皮是子房的外壁，即心皮外侧由表皮发育而成，是果实最外层的表皮。中果皮肉质多浆，是食用部分之一。内果皮由心皮内侧的表皮发育而成，形成与子室的分界。

果实内部由连接果皮和果心的隔壁，分成 5～8 个子室，各子室有胎座组织，在胎座外侧附着很多种子。胚珠受精后，胎座组织增生肥大充满内部，占食用的大部分。

茄子果实的形状、大小、颜色，由于品种不同而有差别。果实从形状上可分为卵形、圆球形和长棒形；从颜色上分有紫黑色、紫红色、绿色和白色，也有红色的。果实老熟后变成黄褐色。圆球果实的品种果实发脆，果肉致密，含水分较少；长棒形品种，果实柔嫩，含水分较多，果肉疏松；卵形品种介于两者之间。不论果皮什么颜色，果肉都是白色。

我国地域辽阔，幅员广大，茄子品种很多，各地都在栽培，因而形成了不同地区对茄子的不同消费习惯：有的喜吃长茄，有的喜吃圆茄，有的喜吃紫茄，有的喜吃绿茄和白茄。生产上应根据市场需求选择种植的品种。

茄子果实将成熟时，种子才迅速发育。种子数量的多少，发育的早晚，不同品种间有差异。种子数量少、发育晚的品种，其嫩果的品质较好，属于优良品种。

（六）种　子

茄子花受精后，由子房中的胚珠发育成种子，1 个胚珠发育成 1 粒种子。开花后 3 周出现种子形态，25～30 天种皮呈白色，已具有种子完全形态。40 天后有的种子已具有发芽力，种子已略带黄色，这样的种子表面虽然已经充实，但干燥后体积缩小。开花50～55 天，60％种子发芽力较强，开花后 60 天种子的发芽力和发芽势很好，原因是胚珠已经完全成熟。

茄子种子扁平，黄色，有光泽。一般圆形果实品种的种子多为圆形，脐部凹口较浅。种子寿命与成熟度和贮藏的环境条件有关。在普通室温中，干燥的种子存放 3 年后仍具有发芽力，但实用价值有所降低，所以种子使用年限为 2～3 年。一般认为茄子种子寿命为 4～5 年。

茄子种子采收后有明显的休眠期，并且处于深休眠状态，所以新种子发芽比较困难。新种子在浸水吸胀以后，给予适宜的温度、水分、氧气条件也不萌发，甚至给予变温催芽也迟迟不出芽，但如果将它播到地下以后就能发芽出苗，其原因是新种子在种皮上有发芽抑制物质，播种后发芽抑制物质被土壤吸附后就能正常出苗。采收 2～3 年的种子发芽抑制物质已经消失，催芽就比较容易成功。

三、茄子的生育周期

茄子从种子萌发,经过幼苗期、开花坐果期和结果期到果实生理成熟、新的种子成熟,称为一个生育周期。各个生育时期都有其特点。

(一)发 芽 期

从种子吸水萌动到第一片真叶展开为发芽期。此期只要满足水分、温度和氧气的需要,胚根便能露出种皮。两片子叶展开后需要适当的光照度,所需养分由种子本身提供。如种子成熟度充分、饱满,则两片子叶肥厚;如种子成熟不充分,则不仅两片子叶瘦小,甚至子叶不能展开。

(二)幼 苗 期

从第一片真叶展开到现蕾为幼苗期。幼苗期分为两个阶段。

1. 基本营养生长阶段 从第一片真叶展开,到第四片真叶进行花芽分化,是以根系和茎叶生长为主,为下一阶段花芽分化奠定基础的时期。此期子叶的大小和生长量,茎和真叶是否粗壮,直接影响花芽分化的早晚、花芽分化的数量和花的素质,所以生产上除了选用饱满的种子外,在基本营养生长阶段,尽量提供最适宜的环境条件,培育子叶肥厚、真叶和幼茎健壮的幼苗,为花芽分化打下基础。

2. 花芽分化及发育阶段 茄子幼苗一般在 4 片真叶展开时开始花芽分化,进入营养生长与生殖生长同步进行阶段。花芽分化与环境条件有密切关系。

(1)花芽分化与温度的关系 为了了解茄子花芽分化受气温的影响,以昼夜温差 5℃,设置昼温 15℃、20℃、25℃和 30℃四个处理,其结果是昼温 30℃、夜温 25℃区幼苗生长旺盛,花芽分化延迟;昼夜 20℃以下不但幼苗长势更差,花芽分化更晚(图 2)。从第一朵花的着花节位来看差别不大,高温区花芽分化数量多。

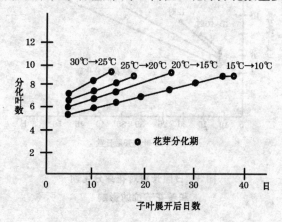

图 2　茄子花芽分化与温度的关系
(斋藤原图)

　(2)花芽分化与光照的关系　茄子在长日照条件和短日照条件下均能开花结果,但日照时间长短影响花芽分化的早晚和着花节位的高低。

　为了了解日照时间长短对花芽分化的影响,设置 15～16 小时、12 小时、8 小时和 4 小时四个区进行测试,结果发现日照时间长的花芽分化早、着花节位低(图 3)。

　光照的强弱也对花芽分化有影响。为了了解光照强度对花芽分化的影响,用遮阳网遮光育苗,设自然光 100%、75%、50%和 25%四个区进行测试。结果 100%光照区幼苗生育旺盛,花芽分化早,着花节位低,光照弱的区花芽分化晚,着花节位高(图 4)。

　(3)土壤营养和水分　花芽分化需要氮肥充足、磷肥不缺的土壤,这样幼苗叶片较大,茎较粗,花芽分化早,花数多,着花节位低。

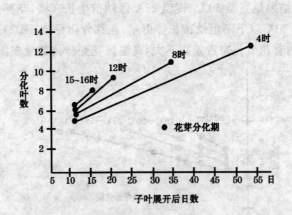

图 3　日照长短对花芽分化期
和着花节位的影响

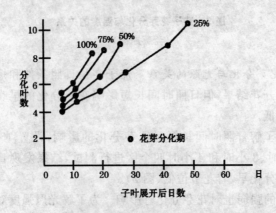

图 4　光照强度对花芽分化的影响

幼苗期水分充足,生育旺盛,花芽分化早,花芽分化数多;水分不足,幼苗生长受抑制,花芽分化延迟,花芽分化数也少。茄子育苗需要提高床土质量,配制有机质含量高、通透性好、保水力强的培养土。

(三)开花坐果期

茄子从门茄现蕾,标志着幼苗期结束,进入开花结果期。开花结果期时间比较短,在生育周期中却很重要,处于营养生长和生殖生长的过渡。此期营养生长仍占优势,生殖生长量比较小。在栽培技术措施上,关键是协调营养生长和生殖生长的关系。因为采取促进营养生长的措施,容易出现叶片肥大,茎枝粗壮,植株徒长,果实迟迟不膨大,采收期延迟;反之,促进了生殖生长,抑制了营养生长,则叶片小,茎枝细弱,植株未长起来就结果,造成果实坠秧,将降低产量和品质。所以,开花坐果期调节营养生长和生殖生长的平衡,既要防止植株徒长影响果实发育,也要避免过早促进生殖生长,抑制营养生长,造成果实坠秧。

茄子果实的发育过程,都要经过开花期、凋瓣期、瞪眼期,才进入结果期。

(四)结　果　期

茄子从门茄坐果到采收结束拔秧,属于结果期。从受精至瞪眼期需 8～12 天,即进入结果期。从瞪眼期果实至可以采收上市为技术成熟期,需 13～14 天;从技术成熟至生理成熟,约需30 天。

茄子进入门茄瞪眼期以后,植株茎叶与果实同步生长,对茄开始膨大;四面斗茄坐果时,进入植株旺盛生长期,需要加强肥水管理,促进生长发育,保持秧果并茂,防止早衰,达到营养生长和生殖生长平衡。根据不同的茬口和不同的品种,除了定植时确定合理的密度外,及时进行整枝、摘叶也是重要的技术环节。

四、茄子对生活条件的要求

(一)温　度

茄子原产于热带地区,在系统发育过程中形成了喜温耐热、怕冷忌霜的特性。茄子生育的适宜温度为 22℃～30℃,气温低于 20℃对授粉受精和果实的正常发育都有一定的影响。气温低于 17℃,茄子生长缓慢;气温降至 7℃～8℃时,茎叶受害;气温降至 1℃～0℃,茄子将冻死。气温高达 35℃～40℃,茎叶不会出现生理障碍,但是花蕊容易受损害,往往出现畸形果。气温高达 45℃以上时,几小时内就能使茄子茎叶发生日灼,叶脉间的叶肉坏死,茎枝亦坏死。

茄子的各个生育时期对温度的要求也不完全相同。种子发芽的最低温度为 11℃～18℃,最适宜温度为 25℃～30℃。催芽时采用变温处理,茄子发芽较好,这是其长期适应一天中温度变化形成的特性。

茄子幼苗期白天气温应保持 20℃～25℃,夜间 15℃～17℃,高温界限是 33℃～40℃,适宜温度为 20℃～30℃,最适宜温度为 28℃,超过低温界限和高温界限均不能受精。

露地早熟栽培、地膜覆盖、小拱棚短期覆盖、大中棚早春茬、日光温室早春茬栽培的茄子,受精期间气温低于 15℃的情况是经常的,但不影响结果,这是什么原因呢? 原来茄子的花芽分化后,环境条件适宜,花粉发芽,花粉管伸长才能受精。正在发芽的花粉和伸长的花粉管遇到 15℃以下的低温就停止了,但是并未丧失活力。在 10℃左右甚至气温稍低的条件下,花粉生活力可保持 4 天。当温度回升后,花粉发芽,花粉管伸长又继续进行,所以能正常结果。但是如果超过高温界限,花粉发芽、花粉管伸长也停止,当温度下降到适宜温度范围内,仍然不能受精,因为高温使花粉管丧失了活力。因此,防止高温危害是棚室栽培茄子的主要技术环节之一。

(二)土壤水分和空气湿度

茄子枝叶繁茂,结果较多,茎叶和果实生长较快,需水量大。但是,茄子对土壤水分的要求,随着生长发育的不同阶段而有差异。茄子发芽期需水量大,生产上普遍采取浸种催芽。幼苗期至门茄形成期间需水量较少,从门茄瞪眼期以后需水量逐渐增加,在对茄采收前需水量最大,必须满足其对水分的需要,才能获得优质高产。

土壤水分过多对茄子生育也不利,因为茄子根系对氧气要求很严格。一旦土壤水分过多,孔隙度减少,氧气不足,容易引起茄子沤根。所以露地栽培的茄子,如在雨季不及时排除积水,淹水数小时茄子叶片就会萎蔫。

茄子对空气相对湿度的要求为 70%～80%。在土壤含水量比较充足时,空气相对湿度稍低,不但对茄子正常生长发育不会产生不良影响,还会减少侵染性病害的发生。茄子在棚室进行反季节栽培,覆盖地膜以降低空气相对湿度,控制侵染性病害发生,是普遍采用的措施。

(三)光　照

茄子的光饱和点约 4 万勒,茄子在果菜类中属于比较耐弱光的作物,其光补偿点约 2 000 勒。但是由于茄子植株枝叶繁茂,消光系数较大,夏季露地栽培的茄子,旺盛生长的植株群体,顶部自然光照达到 6 万～7 万勒,距顶部 20 厘米处的光照度只有 1 万勒,所以整枝打叶是必要的。

冬季早春棚室栽培茄子,除了安排合理的种植密度外,及时整枝打叶外和进行人工补光是提高产量、增进品质的重要措施。

(四)土壤营养

茄子对土壤适应性较强,在沙土、壤土、黏土都能生长。但茄子耐涝和耐旱力差,对氧气要求严格,又喜肥水,以土层深厚、有机质含量高、通透性好的土质为宜。茄子适宜的土壤 pH 值为6.8～7.3。

茄子生育期长,其生育期要求充足的肥料,除了基肥外,随着果实的不断采收,需要及时补充肥料。茄子对氮肥需要量大,钾肥次之,磷肥的需要量较少。据研究,茄子植株不同部位氮素的含量分配如下:叶片占 21%,根占 8%,茎占 9%,果实占 62%。可见结果期需要追速效氮肥。幼苗期需磷肥较多,磷肥有促进根系发育、提高花芽素质的作用。生育期间适当施钾肥,能使茄子植株生长健壮。

茄子全生育期对大量元素的吸收比例为:氮：磷：钾：钙：镁＝6：2：10：8：1.5。

(五)气 体

茄子在生育过程中,不仅需从土壤中吸收营养元素,还要从空气中吸收二氧化碳进行光合作用。日光温室反季节栽培茄子,由于冬季早春外温低,在温室不能通风的条件下,二氧化碳得不到补充,将影响茄子的光合作用,因此在温室中人工施用二氧化碳是一项重要的技术措施。

五、茄子的类型和品种

(一)茄子的类型

1. 野生茄子类型 植株生长势强,耐涝,耐旱,耐湿,耐高温。

茎叶上刺多,分枝不规则,根系发达,植株高大,果实很小,不能食用,种子也小。抗土传病害,适合作嫁接砧木。生产上普遍应用的野生茄子有托鲁巴姆、刺茄、刚果茄和赤茄等。

2. 栽培茄子的类型　植物学上将茄子分为以下 3 个变种。

(1)圆茄　植株高大,果实大,有圆球形、扁球形或椭圆球形。皮色有紫、黑紫、红紫或绿白等。不耐热。北方栽培较多。多属中熟、晚熟种。

(2)长茄　植株生长势中等,果实细长棒状,长达 30 厘米以上。皮色有紫、绿或淡绿等。耐湿热,南方栽培较普遍,多属中熟、早熟种。

(3)矮茄　植株较矮,果实小,卵形或长卵形。种子较多,多为早熟种,品质较差。

3. 观赏茄子类型　植株纤细,叶片较小,果实圆形,果个很小,簇生于枝上,有白、黄、红等颜色。果实不能食用,可盆栽为观赏用。

(二)茄子的品种

1. 94-1 早长茄　由山东省济南市农业科学研究所 1995 年育成的一代早熟杂交紫茄种。具 6～7 片叶时现蕾,以后每隔 1～2 片叶着生一花序,每花序有 1～3 朵花。耐低温,弱光,坐果力强。定植后 30～40 天采收。植株紧凑,生长势较旺。叶片狭长较稀,适宜密植。果实长椭圆形,长 8～22 厘米,果实横径 6～7 厘米,单果重 300～400 克。果色黑紫油亮,不易变色,甚至收获后期仍保持光亮。果实种子少,果肉细嫩,品质好。适宜保护地栽培和露地栽培。一般每 667 平方米定植 3 500 株,产量 5 000 千克左右。适于华北、东北地区栽培。

2. 豫茄 2 号　由河南省漯河市农业科学研究中心育成的一代早熟杂交品种,1997 年 4 月经河南省农作物品种审定委员会审定。植株生长势强,平均株高 97 厘米,开展度 67 厘米,具 6～7 片叶时现蕾,开花后 15～20 天采收。果实卵圆形,青绿色,平均单果重 420 克。叶片宽大,抗病性强,适宜北方青绿茄消费地区露地和保护地栽培。由于植株开张度大,所以每 667 平方米栽苗株数不能超过 2 500 株。一般每 667 平方米平均产量为 4 000 千克以上。

3. 西安绿茄 陕西省西安市地方品种。植株生长势强,平均株高 100 厘米,开展度 70 厘米,中早熟,具 6～7 片叶时现蕾。果实灯泡形,油绿色,老熟时不褪色,商品性好。果肉白色,肉质紧密,脆嫩,品质好,平均单果重 480 克。从播种到采收约 103 天。每 667 平方米栽苗 2 000～2 500 株,平均每 667 平方米产量 4 500 千克。该品种适宜北方绿圆茄消费地区露地栽培,也适于日光温室反季节栽培。

4. 华茄 1 号 由华中农业大学 1991 年育成的一代早熟杂交品种。1993 年 2 月通过湖北省农作物品种审定委员会审定。植株生长势较弱,极早熟,具 5～6 片叶时现蕾,从定植到采收需 30～40 天。果实长棒形,平均长 25 厘米,横径 4 厘米。果皮紫色,有光泽,平均单果重 100 克左右。果实种子少,果肉松软,品质好。抗绵疫病,耐弱光,耐涝,前期产量高。每 667 平方米栽苗 2 500～2 800 株,产量达 4 000 千克以上。该品种适宜长江流域和保护地越夏栽培。

5. 湘杂 2 号(早茄 2 号) 由湖南省蔬菜研究所育成的一代早熟杂交品种。植株生长势中等,株高 70～90 厘米,开展度 80～90 厘米,具 7～9 片叶时现蕾,从定植到始收需 30 天左右。果实长棒形,平均果长 26 厘米,果实横径 5 厘米,果皮紫红色、有光泽,肉质细嫩,品质好。平均单果重 150 克。较耐寒,耐涝性强,较抗青枯病和绵疫病。适宜长江流域地区春季早熟栽培。一般每 667 平方米保苗 2 600～2 800 株,产量达 3 000 千克以上。

6. 龙 2 号 (88-37)　由黑龙江省农业科学研究院北方茄子研究中心育成的早熟茄子一代杂种,1992 年通过黑龙江省农作物品种审定委员会审定。植株高 65～68 厘米,开展度 64～68 厘米。具 7～8 片叶时现蕾,从播种到采收需 100 天左右。果实长棒形,果顶稍尖,果皮紫黑色,有光泽。果肉白绿色,细嫩,品质好。果长 25 厘米左右,横径 4～5 厘米,单果重 100～150 克。株型紧凑,适宜密植,行株距 60～70 厘米×25～30 厘米,每 667 平方米保苗 3 710～3 810 株,产量达 4 500 千克以上。该品种适合北方地区露地早熟栽培和保护地栽培。

7. 沈茄 2 号　由辽宁省沈阳市农业科学院培育的一代中熟杂交品种。1995 年通过辽宁省农作物品种审定委员会审定。植株生长势强,叶片较肥大,开展度中等,具 6～7 片叶时现蕾,果实棒状,平均长 25 厘米,横径 8 厘米,单果重 150～200 克。果皮绿色,有光泽,果肉白色细腻,品质好,抗逆性强。每 667 平方米保苗 2 000～2 500 株,产量达 4 000 千克以上。该品种适宜北方绿茄消费地区栽培。

8. 黑又亮　为辽宁省北宁市间阳镇的地方品种。植株生长势较强,株高 70～80 厘米,开展度 75 厘米左右,中早熟,具 7～8 片叶时现蕾。果实长棒形,果长约 22 厘米,横径 4 厘米,果皮紫黑色,有光泽,果肉白色,肉质细嫩,品质好。露地、保护地均可栽培,是当地主栽品种。每 667 平方米保苗 2 500～2 800 株,产量达 4 000 千克以上。

9. 北京大圆茄　为北京地方品种。在北京郊区及河北省各地栽培最广泛,也最受消费者欢迎,北京市场基本上见不到其他茄子品种。植株生长势苗壮,分枝少。依果出现的早晚分为 5 叶茄、6 叶茄、7 叶茄和 9 叶茄(现蕾的叶片数)。果实大,单果重 0.5～1.0 千克,圆形,黑紫色,果肉紧密,品质好,产量高。

10. 安阳大红　由河南省安阳市蔬菜科学研究所育成的中晚

熟茄子品种,为大果型红茄品种。1990年通过鉴定。植株生长势强,根系发达,适应性强,抗病耐热。果实近圆形,果皮紫红发亮,果肉白色,肉质细嫩,平均单果重1~1.5千克,最大单果可达2千克以上。该品种是河南省各地秋季补淡的主要果菜类蔬菜。适宜紫红色圆茄消费地区栽培。每667平方米产量可达5 000千克以上。

11. 冀茄2号(茄杂1号) 由河北省农业科学院育成的一代杂交早熟品种。1996年4月通过省农作物品种审定委员会审定。植株生长势强,平均株高85厘米,开展度80厘米,具第八至第九片叶时现蕾,从开花到采收16天。果实圆形,紫黑色,果肉白色,肉质细嫩,果肉长时间暴露在空气中不变色。果实种子少,品质好。平均单果重590克。该品种抗寒,不耐热。每667平方米保苗1 900~2 500株,产量3 750千克以上。

12. 紫阳长茄 由山东省潍坊农业科学院育成的一代杂交品种,组合为6B029/H91-26-8。6B029为黑龙江齐茄一号/重庆三月茄自杂选育,H91-26-8是韩国杂交种黑珊瑚自交选育。植株长势强,枝条较细,幼苗生长速度快,叶色浓绿,极早熟,一般从出苗到门茄开花大约95天。门茄在第八节坐果,比对照"94-1"提早7~8天。坐果能力强,一叶一花序,一花序能同时坐2~3个果。果实为亮黑色,有光泽,紫萼,果实长28~35厘米,直径5~6厘米,单果重250~350克,果实肉质细嫩,种子少。品质佳,硬度好,耐贮运。该品种耐湿,耐弱光,适宜保护地栽培。经两年区域试验调查结果,平均茄子花叶病毒病病株率为0;叶霉病病株率为31.8%,病情指数20.4。区试两年平均每667平方米产量4 768.1千克,比对照94-1早长茄增产20.6%。

13. 鲁蔬长茄1号 由山东省农业科学院蔬菜研究所育成的一代杂交品种。组合为济南长茄/B 37。植株生长势中等偏强,茎、叶紫色。中早熟。第一雌花着生于主茎芽第八节。果实长圆柱形,紫黑色,紫萼,质地较硬,长约 30 厘米,直径约 6 厘米,单果重 260 克,肉质细嫩,品质佳。区域试验调查结果平均:绵疫病、黄萎病为 0,褐纹病病株为 20%,病情指数为 13.0。

14. 川茄 3 号　2006 年通过四川省农作物品种审定委员会审定。为杂交一代品种,植株生长势健壮,株高 110～120 厘米,开展度 70～75 厘米,叶片中等大,叶色深绿。主茎 11～14 片叶着生门茄,果实长棒形,果长 27～29 厘米,横径 4.6 厘米,果形指数 6.3 左右,平均单果重 160～170 克,果皮紫黑色,有光泽,果肉月白色,种子少,品质好。采收早,稳产,丰产,可作春、秋两用品种。

15. 津茄 1 号　由天津市农业科学院选育的杂交一代茄子新品种。株高 72 厘米,株型紧凑,耐寒,适宜华北地区早春保护地和露地早熟栽培。抗病性强,对茄子黄萎病和根茎腐病具有较强的抵抗力,茄子黄萎病和根茎腐病的发病率分别比对照品种下降 50% 和 65%。茄子果实深绿色,有光泽,扁圆形,果肉洁白,质地细嫩,商品性能好。单果重 450～550 克,在早春大棚中种植,每年 12 月份播种,翌年 3 月份定植,4 月下旬至 5 月上旬开始采收,可一直采到 7 月末。每 667 平方米产量 4 500～5 000 千克,比对照品种增产 21%,早期产量比对照高出 25%。

16. 茄杂 12 号、茄杂 13 号　由河北省冀蔬科技有限公司、河北省农业科学院和经济作物研究所共同选育的杂交茄子品种。茄杂 12 号品种早熟,耐低温弱光,连续坐果能力强,前期产量高,抗病性好,是冬春温室大棚栽培的首选品种。茄杂 13 号品种早中熟,生长势强,果实膨大速度快,连续采收期长,丰产性好,适合露地早熟栽培。

17. 海花 2 号、海花 6 号　由北京市海淀区植物组织培养技术实验室通过茄子花培技术选育的茄子新品种。海花 2 号属极早熟花培品种,始花节位为第七节,叶片深绿色,茎叶脉紫色,株高 35～55 厘米,开展度 80～90 厘米。果实椭圆形,果长 15 厘米,横径5～6厘米,平均单果重200克左右。果实紫黑色,光滑油亮,萼片紫色,商品性好。果肉细密,种子少,抗病性、连续坐果能力较强。每667平方米栽苗2500～3000株,产量4000千克以上。适宜露地早熟栽培和棚室栽培。海花6号早熟花培品种,始花节位为第七节,叶片绿色,茎、叶脉绿色,株高60～70厘米。果实椭圆形,果长11厘米,横径9厘米,果皮绿色,光滑油亮,平均单果重300克。果肉细密,种子少,抗病性、连续坐果能力较强。每667平方米栽苗2500株左右,双干整枝,一般每667平方米产量5000千克。适于露地早熟栽培和棚室栽培。

18. 早紫1号(17×9) 由河南省安阳市蔬菜科学研究所育成的一代杂交早熟紫茄品种。具7～8片叶时,现蕾,从开花到商品果采收需20～22天。果实长灯泡形,果皮紫黑色,有光泽。果肉白色,单果重150～200克。植株紧凑,可密植。较抗黄萎病、枯萎病。适宜露地早熟栽培和棚室栽培。每667平方米产4500千克以上。

19. 辽茄一号 由辽宁省农业科学研究院园艺科学研究所育成的杂交种。属于中早熟品种,从播种到始收期需110天左右。株高66.2厘米,直立型,开展度为21.5厘米。茎叶绿色,叶片肥大,花冠浅紫色、细嫩。果形长椭圆形,果皮油绿色,有光泽,果肉白色,细嫩,有甜味。平均单果重250克,一般每667平方米产量可达6000～7500千克。

20. 辽茄二号 由辽宁省农业科学院园艺科学研究所选育的早熟茄子品种,具有高产、优质、商品性好,适应性广,抗逆性强等特点。茎秆粗壮,生长势强,株型半开张,平均开展度68.6厘米,株高55.2厘米。叶片肥大,花紫色,果长14厘米,横径12厘米,大灯泡形,果色鲜绿有光泽,单果重300克左右。味甜肉细,品质优良,营养价值高,适口性好。其产量与辽茄一号接近。

第二章　茄子栽培的保护设施

一、简易保护设施

(一)地膜覆盖

我国自古以来就有利用有机肥、草和农作物秸秆覆盖地面,进行耐寒蔬菜早熟栽培的技术。20 世纪 70 年代由日本引进地膜覆盖栽培技术及制造地膜工艺技术,开始应用地膜覆盖栽培蔬菜。最初的地膜覆盖是直接将地膜覆盖在高垄或高畦上,喜温蔬菜只能在终霜后定植。经过长期实践,在覆盖技术方面有所发展创新,终霜前一周左右定植喜温蔬菜,称为改良地膜覆盖(图 5、图 6、图 7)。

茄子栽培普遍应用地膜覆盖,其效应表现在以下几个方面。

1. 增加地温　覆盖透明地膜能提高地温。据测试,0～20 厘米深的地温,日平均提高 3℃～6℃。但不同天气和不同的覆盖方式增温效果不同:晴天增温多,阴天增温少;高垄、高畦增温多,平畦增温少,改良覆盖增温多,地面覆盖增温少。

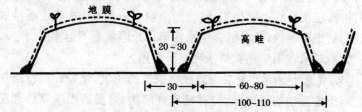

图 5　高畦地面覆盖　(单位:厘米)

图 6 近地面覆盖示意图

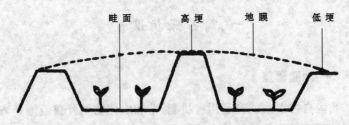

图 7 高低埂畦地膜覆盖示意图

2. 改善光照条件 由于地膜和地膜下表面附着水滴的反射作用,可使近地面的反射光和散射光增强 50%～70%,有利于提高光合作用和促进茄子生长发育。

3. 防止水土流失 露地栽培,进入雨季可防止大雨造成的地面径流,避免肥水流失,提高土壤养分与施肥的利用率,可相对地节省肥料。

4. 保水作用 由于地膜封闭了地面,不但减少了水分蒸发,而且还促进土壤深层毛细管水向上运动,水分在地膜下形成内循环,使深层水分在上层累积,气化的土壤水分在地膜内表面凝结成水滴,被土壤吸收,所以具有保水作用。地膜覆盖不但能减少浇水量,露地栽培在雨季还有排水和防涝作用。

5. 优化土壤理化性状 地膜覆盖下的土壤,能始终保持疏松状态,土壤微生物活动加强,有机质分解快,可提高土壤养分和肥料的利用率。

6. 减轻病虫草害 覆盖地膜能防止借雨水传播的病害。如覆盖银灰色地膜,有避蚜作用,可防止由蚜虫引起的病毒病。覆盖黑色地膜可将杂草闷死。

(二)电热温床

在床土下面铺设电热线,通电后床土温度升高,称为电热温床。电热温床设置方便,成本低,床温可根据需要调节。

1. 电热温床的设置　冬季早春进行茄子育苗的电热温床,在塑料大棚或日光温室中设置,不需挖床坑和设置床框,床面上也可以不覆盖。一般做成 2 米宽、5 米长的低畦,四周做成 12～15 厘米高的硬埂,整平畦面,铺上电热线,即可上床土或摆放育苗穴盘、育苗钵。

2. 电热线铺设　电热线是在特制的合金电热线外包上塑料绝缘层,两头再接上一段由普通电线做成的导线构成的。因为这种特制的合金电热线具有一定的电阻率,所以通电后会使一部分电能转换成热能,使床土温度上升。电热线分许多型号,每种型号都要求一致的工作电压。每根电热线的功率大小、长度都因型号不同而有差异(表 1)。

电热线在设计时要求做到在 35℃ 的土壤环境中能长期工作,在加温线的接头处不漏电,不漏水,线质柔软,不易折断。

表 1　上海农机研究所实验厂生产的电热线主要技术参数

型　号	工作电压	功率(瓦/根)	长度(米/根)	外皮标志颜色
DV20410	220	400	100	黑
DV20406	220	400	60	棕
DV20608	220	600	80	蓝
DV20810	220	800	100	黄
DV21012	220	1000	120	绿

在塑料大棚或日光温室中设置电热温床,10平方米的床面选用 DV 21012 型号的电热线,每平方米 80 瓦功率,即可满足需要。

布线时,在苗床两端插小木桩,电热线挂在小木桩上贴床面拉紧。布线间距两边稍密,中间稀一些,两个出线头必须从苗床的同一边引出来。

3. 电热线与控温仪配套　将电热线的输出接线连接在控温仪上,由于控温仪能自动控制电源的通断,当床土温度达到预定温度时,电源自动切断,反之就自动接通。控温仪与电热线配套可始终保持适宜的温度,减少人工控电加温的麻烦,可节约用电(图 8)。

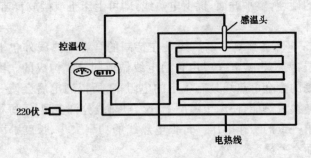

图 8　电热温床示意图

(三)遮 阳 网

日本称遮阳网为寒冷纱。我国在南方盛夏用来防强光、高温,并有防暴雨的效果。近年北方夏季棚室生产蔬菜和花卉上也开始应用。遮阳网是以聚烯烃树脂为主要原料,通过拉丝、绕筒后编织而成,是一种高强度、耐老化、质量轻的网状新型农用覆盖材料。

1. 遮阳网的型号、规格及性能　遮阳网有黑色、银灰色、绿色、白色、蓝色等,应用最多的是黑色和银灰色遮阳网。

(1)型号　以纬经 25 毫米编丝根数为依据,可分为 8 根网、10根网、12 根网、14 根网和 16 根网 5 种型号。江苏省武进市塑料二厂生产的遮阳网,产品型号有:SZW-8、SZW-10、SZW-12、SZW-14、SZW-16 等 5 种。

(2)规格 遮阳网的幅宽有 90 厘米、150 厘米、160 厘米、200厘米、220 厘米和 250 厘米 6 种规格,生产者可根据需要选购。

(3)性能 编丝根数越多,遮光率越大,纬向拉伸强度也越强,但经向拉丝强度差别不大。纺织的质量、厚薄、颜色也会影响遮光率。

生产上应用最多的是 SZW-12 和 SZW-14 两种型号的遮阳网,每平方米的重量分别为 45 克±3 克和 49 克±3 克,幅宽以160～250 厘米为宜,使用寿命一般为 3～5 年(表 2)。

表 2　遮阳网的主要性能指标

型　号	遮光率(%)		机械强度 50 毫米宽的拉伸强度(牛顿)	
	黑色网	银灰色网	经向(含一个密区)	纬　向
SZW-8	20～30	20～25	≥250	≥250
SZW-10	25～45	25～45	≥250	≥250
SZW-12	35～55	35～45	≥250	≥250
SZW-14	45～65	40～55	≥250	≥250
SZW-16	55～75	55～70	≥250	≥250

2. 遮阳网的覆盖形式

(1)棚室覆盖 利用日光温室和塑料大棚的骨架覆盖遮阳网比较普遍。为了防止高温强光影响作物正常生育,撤下塑料薄膜,覆盖遮阳网,在底脚围裙以上覆盖遮阳网,称为顶盖(图 9,图 10)。

无柱大棚在两侧拉筋上,按一定距离用尼龙线拉紧,在尼龙线上平铺遮阳网,四周固定展平,称平盖遮阳网(图 11)。

(2)小拱棚覆盖 长江中下游利用小拱棚覆盖遮阳网最普遍。小拱棚骨架两侧留出 20～30 厘米,上部覆盖遮阳网,既节省材料,又有利于通风透光,并可防暴雨(图 12)。

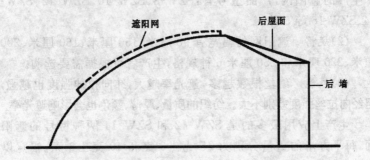

图 9　日光温室覆盖遮阳网示意图

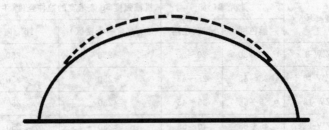

图 10　塑料大棚遮阳网示意图

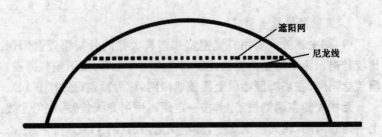

图 11　遮阳网平盖示意图

图12 遮阳网小拱棚覆盖示意图

(四)农用无纺布

无纺布又叫不织布、非织布或无织布。系以聚酯或聚丙烯为原料,切片经螺杆挤压纺出长丝并直接成网,再以热轧黏合方式而制成。是一种具有较好透气性、吸湿性和一定透光性的布状覆盖材料。把它应用在农业生产上,称为农用无纺布。我国农用无纺布与普通无纺布的区别,是农用无纺布在制造时加入了适量耐老化剂,因而强度高,质量好,使用寿命长。

1. 农用无纺布的种类、规格及性能

(1)农用无纺布的种类 无纺布分为短纤维无纺布和长纤维无纺布。短纤维无纺布多以聚乙烯醇、聚酯为原料。短纤维无纺布牢度较长纤维无纺布差,纵向强度大,横向强度小,较易损坏,长纤维无纺布纵、横向强度差异小,使用时不容易损坏。

(2)无纺布的规格 我国的农用无纺布有 20 克/米²、30 克/米²、40 克/米² 和 100 克/米² 等数种。宽度最宽的为 2.85 米,颜色以白色为主,也能生产黑色和银灰色的。

(3)无纺布的性能 薄型无纺布的透光性能与玻璃接近。随着厚度的增加,透光率随着下降。16 克/米² 无纺布的透光率为 85.6%±2.8%,40 克/米² 无纺布的透光率为 72.7%±7.3%,30 克/米² 无纺布的透光率为 60% 左右。

无纺布有很多微孔,具有透气性,其透气性与内外温差、风速成正比。当温差、外界风速增大时,透气性也随之增大,所以覆盖农用无纺布能自然调节温度,栽培的作物不会受高温危害。农用无纺布覆盖小拱棚,比塑料薄膜覆盖和近地面地膜覆盖,在温度、湿度、透光率、透气性方面都具有一定的优点。2002 年大连市农业科学研究所在金州区三里村进行农用无纺布与地膜覆盖对比试验,2 月 27 日测试结果如下:无纺布覆盖 8 时为 2.2℃,14 时为 17.5℃;地膜覆盖 8 时为 3.4℃,14 时为 30.5℃。透光率无纺布为 92.2%,地膜为 99%。透气量,无纺布为 4.34 米^3/米^2·分,地膜覆盖基本不透气。中午空气相对湿度,无纺布为 56%,地膜 99%。

2. 农用无纺布的覆盖方式

(1)地面覆盖　在地面采取与地膜覆高垄、高畦相同的覆盖方法。

(2)小拱棚覆盖　利用农用无纺布代替塑料薄膜覆盖小拱棚,保温性能不如小拱棚,但管理方便,不需要通风,不用担心高温危害。

(3)棚室多层覆盖　在日光温室、塑料大棚遇到寒流时,扣塑料小拱棚保温,可在塑料薄膜上面再盖上一层 100 克/米^{2}农用无纺布,以提高保温效果。

(4)二道幕覆盖　无柱日光温室、无柱大棚可利用农用无纺布的二道幕在夜间遮蔽保温,白天拉开接受太阳光。

(五)防 虫 网

防虫网是新型覆盖材料。我国于 1998 年开始在江苏省、浙江省进行防虫网的性能、覆盖方式及应用效果研究取得了一定的进展。

1. 防虫网的种类和规格　防虫网从颜色分有白色、黑色和银灰色 3 种,其幅宽有 1～1.3 米不等;从材料上分有尼龙筛网、锦纶筛网和高密度聚乙烯筛网。蔬菜生产上应用的防虫网,一般为20～80目。

(1)尼龙筛网　用尼龙线编织,规格较多,具有通风、透光、透气、无毒,风吹雨打不易老化等特点,适合长时间使用,比一般窗纱使用年限可延长 3 倍。

(2)锦纶筛网　锦纶筛网除了与尼龙筛网具有相同性能外,厂家还可根据用户的要求,定做不同规格的筛网。

(3)高密度聚乙烯筛网　由高密度聚乙烯和铝粉经工艺加工,拉丝编织而成。其性能与尼龙筛网接近。

2. 防虫网的作用

(1)透光性能　经过测试,银灰色 22 目防虫网透光率为70%,24 目的银灰色防虫网透光率为 68%,白色防虫网透光率为80%,黑色防虫网透光率为 58%。

(2)降温效果　试验表明,防虫网兼有遮阳网的作用。22 目银灰色防虫网的气温增温幅度最小,地中降温较多,降温幅度也较大。

3. 覆盖方法　在南方夏季虫害发生季节,将塑料大棚和小拱棚的薄膜撤下,覆盖上防虫网。北方多在日光温室上应用,撤掉围裙以上的塑料薄膜,覆盖遮阳网。

4. 应用效果　棚室覆盖防虫网,可阻挡害虫进入为害。据测试,22 目银灰色防虫网的防虫效果达到 95% 以上,基本不需要喷布杀虫农药。防虫网还有防暴雨冲刷作用。南方在春末夏初和夏末初秋应用效果最好。

防虫网在蔬菜生产上的应用,不但节省农药开支,减少施药工作量,更重要的是为无公害蔬菜生产闯出了一条新路,前景极为广阔。

二、塑 料 棚

20世纪60年代,由于塑料工业的兴起,在蔬菜生产上使用塑料大、中、小棚进行提早、延晚栽培,使多种蔬菜的供应期延长,产量、品质提高,经济效益和社会效益都比较显著。

塑料棚全国各地都在应用,但是大、中、小棚怎样区分,尚无统一标准。小拱棚各地基本一致,凡跨度在2米以下,高不足1米,管理人员不能进入棚内作业的,就属于小拱棚,并且只覆盖一段时间就要撤下薄膜,不能长期覆盖。大棚南北方差异较大,北方早春气温低,土壤化冻晚,大棚四周受冻土层影响大,所以跨度低于10米,中高在2.5米以上。南方主要从节省建材、降低造价考虑,凡跨度在4米以上、中高为2米左右的就属于大棚,面积也比较小。南方只有大棚和小拱棚,没有中棚。北方的中棚相当于南方的大棚,比大棚小,比小拱棚大,管理人员可进入棚内作业,棚内不设水沟和通道。

(一)塑料小拱棚

1. 小拱棚的规格结构 跨度1~2米,高0.6~1.0米,长8~10米。每个小拱棚可覆2个低畦或4垄作物。

小拱棚的骨架可用棉槐条、细竹竿弯成弧形,两端插入土中。1米跨度的小拱棚可用棉槐条做骨架,50~60厘米间距,用两根棉槐条粗头插入土中,细头在中部搭接,用塑料绳绑紧。2米跨度的小拱棚,可用3米长、3厘米宽的竹片做骨架,两端插入土中,间距0.8米。也可用两根细竹竿,两端插入土中间,中间用塑料绳绑紧。

小拱棚的骨架应在初冬封冻前插入骨架,四周挖浅沟,取出浮土堆放在沟外,以备早春覆盖塑料薄膜时,将薄膜的四边埋入沟中。

　　小拱棚覆盖普通聚乙烯或聚氯乙烯薄膜,选无风的晴天展平拉紧,四周卷入高粱秸,埋入沟中培土踩实。

　　2. 小拱棚的小气候特点及调控　　小拱棚空间小,晴天太阳升起后,随着太阳升高,棚内气温上升特别快,夜间降温也快,阴雨天没有太阳光时气温不能升高。受外界低温影响强烈,只适于一定范围的提早、延后短期覆盖栽培,覆盖普通薄膜,内表面布满水滴,降低透光率,在强光、高温条件下,通风要及时,以避免烤伤秧苗。

　　小拱棚春季育苗(由温床移植育成苗)时,小拱棚的薄膜埋在土中,通风比较麻烦,更主要的是小拱棚四周受外界的影响,棚内气温和地温是中间高、四周低,表现秧苗中间徒长、四周低矮,特别是两侧秧苗占的比重较大。

　　为使小拱棚便于通风,加强薄膜的牢固性,使棚内温度均匀,秧苗生长整齐,应从小拱棚设置方式着手。改覆盖一整块薄膜为两幅薄膜,两幅薄膜重叠 5 厘米烙合,烙合时每米留出 30 厘米不烙合,作为通顶风之用。

　　为使覆盖的薄膜牢固和便于通风,可在薄膜四周卷入细竹竿,取 Φ4 毫米铁丝 30 厘米长,上端弯成小结,卡住薄膜卷,按 40 厘米间距插入土中(图 13)。

　　(二)塑料中棚

　　1. 中棚的规格及特点　　塑料中棚主要在北纬 38°～40°地区使用。其跨度长 4～6 米,高 1.8～2 米,面积为 66.7～200 平方米。中棚不安装棚门,水沟设在棚外,棚内只有畦、垄,管理人员出入需揭开薄膜。中棚建造容易,节省建材,造价低。由于面积小,可以覆盖草苫保温,冬季进行耐寒蔬菜生产,喜温蔬菜也可提早定植。

　　2. 中棚结构与建造　　根据建材不同,分为竹木结构中棚和钢

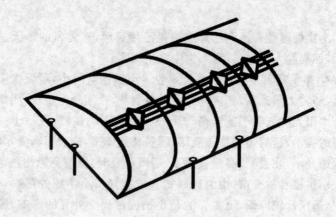

图13 小拱棚顶部通风示意图

管无柱中棚。

（1）竹木结构中棚　以竹竿、木杆、竹片为建材,根据建材的强度,可设单排柱或双排柱。双排柱中棚用竹片作拱杆,间距1米,每片拱杆由两排主柱支撑,距棚面20厘米,用竹竿或木杆作纵向拉杆,将骨架连成整体(图14)。

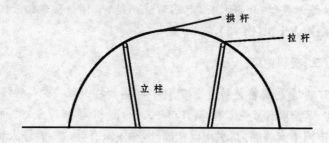

图14 竹木结构双排柱中棚

单排柱中棚与双排柱中棚基本相同,因建材强度较高,可减少一排立柱(图15)。

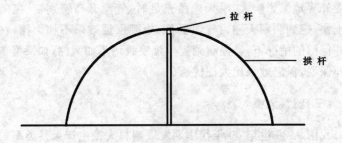

图 15　竹木结构单排柱中棚

(2)钢管无柱中棚　用 4 分镀锌管在模具上弯成拱形,按 1 米间距、11 个骨架为 1 组,底角焊在 4 分钢管上,中部用 4 分镀锌管作拉筋,焊在拱杆下面。应用时可根据地块单棚或几组连接(图 16)。

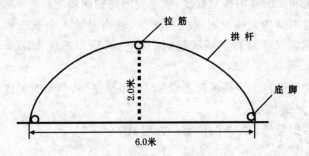

图 16　钢管无柱中棚示意图

3. 中棚覆盖薄膜　覆盖一整块普通聚乙烯薄膜,展平拉紧,四周埋入土中踩实。为了防止通风时的扫地风,可设底角围裙,在覆盖棚面前,在拱杆内侧设 60 厘米高的围裙。在两根拱杆间用一条压膜线压紧薄膜。

4. 中棚的小气候特点　中棚与大棚的小气候基本相同,因为在南方基本就是大棚。北方早春寒冷,中棚空间小,热容量少,四周受外界地温影响大,晴天光照充足时,气温升高特别快,夜间下降也快,遇到阴雨天棚内气温更低,中棚保温效果不如大棚,在没有外保温的情况下,喜温蔬菜提早延晚栽培不如大棚,如果覆盖草苫外保温,保温效果比大棚优越。

(三)塑料大棚

我国从 20 世纪 60 年代中期发展塑料大棚生产果菜类蔬菜以来,经过 40 多年的实践,在大棚的建造、小气候的调节、蔬菜的茬口安排和栽培技术方面取得的经验均已成熟。大棚的单棚面积(包括南方地区)向 667 平方米发展,结构向钢管骨架无柱方向发展。为此,本书对竹木结构大棚不作介绍。

1. 棚型设计 塑料大棚的稳固性既决定于骨架的材质、薄膜的质量和压膜线的压紧程度,更主要的是棚面弧度。

竹木结构大棚有很多立柱支撑,遇到雪天不会被压塌,但是遇到刮风天有时挣断压膜线,棚膜上天,原因是棚面平坦,风压受害。

风压受害主要是风速形成举力,摔打棚膜,严重时棚膜破损,甚至"大棚上天"。

根据空气动力学的伯努利方程说明:

$$P+\frac{P}{2}V^2=C$$

P:空气压强,V:风速,C:常数。

当风速=0 时,棚内外的压强相等,都等于常数,棚面上覆盖的薄膜不会移动。风速加大,棚外空气压强就减小,棚内外就出现了压强差。棚面薄膜由于棚内压强大于棚外压强,就向上升起,这是因为棚压强大产生了举力。当风速减小,棚外压强加大,并在压膜线的压力下,已鼓起的棚面薄膜又落回棚架上,风速变化使棚膜出现摔打现象。

在一定的风速下,举力的大小与棚面的弧度有关,风速相同,棚内外的压强差因棚面构型而不同。棚面平坦(弧度小)内外压强差大,举力增大,薄膜在棚架上摔打激烈,不抗风;反之,流线型棚面弧度大,风速被减弱,内外压强差小,举力相对减小,所以同样风速流线型的大棚抗风力强。棚型与高跨比有密切关系,高跨比能决定棚型,同样的建材,棚面承受压力大小与"合理轴线"有关。

合理轴线的公式:

$$y = \frac{4f}{L^2} x(L-x)$$

y 为弧线各点高度,f 为矢高,L 为跨度,x 为水平距离。

例如,设计一栋 10 米宽,矢高 2.5 米的钢管无柱大棚,先画一条 10 米长的直线,从 0 米到 10 米,每米设 1 点,利用公式求出各点的高度,连线即成大棚面的弧度。代入公式:

$$y_1 = \frac{4 \times 2.5 \times 1}{10^2} \times (10-1) = 0.9(米)$$

$$y_2 = \frac{4 \times 2.5 \times 2}{10^2} \times (10-2) = 1.6(米)$$

$$y_3 = \frac{4 \times 2.5 \times 3}{10^2} \times (10-3) = 2.1(米)$$

$$y_4 = \frac{4 \times 2.5 \times 4}{10^2} \times (10-4) = 2.4(米)$$

$$y_5 = \frac{4 \times 2.5 \times 5}{10^2} \times (10-5) = 2.5(米)$$

根据以上公式可依次求出 y_6 为 2.4 米,y_7 为 2.1 米,y_8 为 1.6 米,y_9 为 0.9 米。

完全按合理轴线设计棚型,稳固性虽然好,但是两侧比较矮,不适于栽培高棵园艺作物,可将 1 米和 9 米处的高度适当调整(图17)。

2. 钢管无柱大棚建造 以跨度 10 米,矢高 2.5 米,长 66.7

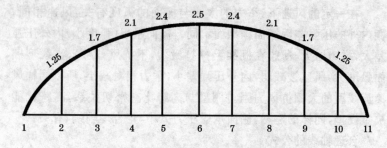

图 17 按合理轴线调整后的棚型示意图

米,面积为 667 平方米的钢管无柱大棚为例说明建造程序如下。

(1)棚架焊制 用 6 分镀锌管 23 根作加强桁架上弦,Φ12 钢筋 23 根作桁架下弦,44 根 4 分镀锌管作拱杆。按设计的棚型做模具,将加强桁架的上、下弦弯好,用 Φ10 钢筋作拉花将上、下弦焊成桁架。

(2)浇筑地梁 在大棚两侧浇筑钢筋混凝土地梁,地梁 10 厘米×10 厘米,地梁上预埋角钢,以便焊接加强桁架和拱杆。

(3)焊接大棚骨架 在 66.7 米长的大棚长度两端各留出 35 厘米,用 23 根桁梁,按间距 4 米,两端焊在地梁上。两根桁架间用 4 分镀锌管作拱杆弯成与上桁弦弧度相同,两端也焊在地梁上。用 Φ14 钢筋或 4 分镀锌管作纵向拉筋,均匀分布,焊在桁架下弦上。在拱杆上,用 Φ10 钢筋作斜撑,焊在拉筋和拱杆上(图 18,图 19)。

在大棚的两端,各用 4 分镀锌管 4 根作立柱,上端焊接在桁梁上弦上,下端向外倾斜 35 厘米,焊接在地梁上。

(4)覆盖大棚薄膜安装大棚门 先用 1 米幅宽的薄膜覆盖底脚围裙,薄膜上卷入塑料绳烙合成筒,绑在各拱杆上,两端固定在大棚两端的木桩上,下边埋入土中。

上部覆盖一整块薄膜。薄膜的长度应为 67.6 米,宽度应为在

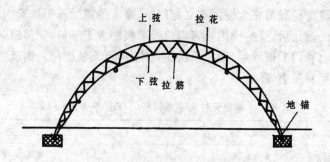

图 18　钢管无柱大棚示意图

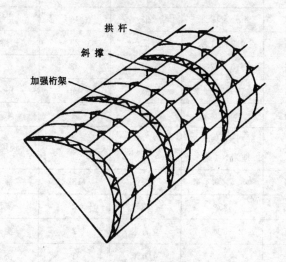

图 19　钢管无柱大棚透视图

棚面上两边各延出围裙 30 厘米。覆盖的薄膜最好选用普通聚乙烯薄膜,其优点是比重轻,造价低,幅宽,不需烙合,省工。

选无风的晴天在棚上将薄膜展平拉紧,两端卷入细竹竿或高粱秸埋入土中踩紧,两侧延出围裙 30 厘米拉紧,每两根拱杆间用 1 条压膜线压紧。

覆盖薄膜前在大棚两端立好门框,覆盖薄膜后先不要安门,棚内冻土融化后,开始应用时将门口处薄膜割成丁字口,把薄膜向两边框上和门上框卷起,用木条压住钉牢,即可安装棚门。钢管无柱大棚用料见表3。

表3　钢管无柱大棚用料表　（667平方米）

名　称	规　格	单　位	数　量	用　途
镀锌管	6分×12米	根	23	桁梁上弦
镀锌管	4分×2.5米	根	8	棚两端立柱
镀锌管	4分×12米	根	44	拱杆
钢　筋	Φ12×11米	根	23	桁梁下弦
钢　筋	Φ10×12米	根	23	拉花
钢　筋	Φ12×30厘米	根	440	斜撑
钢　筋	Φ8×66米	根	4	地梁筋
角　钢	66米（5厘米×5厘米×4毫米）	根	2	预埋地梁
钢　筋	Φ5.5×0.4米	根	132	箍筋
水　泥	325#	吨	2	浇地梁
碎　石	2～3厘米	立方米	2	浇地梁
沙　子		立方米	1	浇地梁
塑料薄膜	0.1毫米	千克	100	覆盖棚面
压膜线	8#铁丝	千克	50	压　膜
门　框		副	2	
木　门		副	2	

3. 装配式薄壁镀锌钢管大棚　我国南方有生产大棚骨架的

工厂,专门生产薄壁镀锌钢管大棚,其定型产品有 GP 系列、PGP 系列、P 系列。农民朋友可根据需要选购,按产品说明书安装。现将 3 个系列大棚的主要参数列出如表 4。

表 4　GP 系列、PGP 系列、P 系列大棚主要技术参数

型　号	宽度（米）	高度（米）	长度（米）	肩高（米）	拱间距（米）	拱杆管径管壁（毫米）
GP-C 2525	2.5	2.0	10.6	1.0	0.65	Φ25×1.2
GP-C 425	4.0	2.1	20.0	1.2	0.65	Φ25×1.2
GP-C 525	5.0	2.2	32.5	1.0	0.65	Φ25×1.2
GP-C 625	6.0	2.5	30.0	1.2	0.65	Φ25×1.2
G-C 7.525	7.5	2.6	44.4	1.0	0.60	Φ25×1.2
GP-C 825	8.0	2.8	42.0	1.3	0.55	Φ25×1.2
GP-1025	10.0	3.0	51.0	0.8	0.50	Φ25×1.2
PGP-C 5.0-1	5.0	2.1	30.0	1.2	0.50	Φ20×1.2
PGP-C 5.5-1	5.5	2.5	30~60	1.5	0.50	Φ20×1.2
PGP-C 6.5-1	6.5	2.5	30~50	1.3	0.50	Φ25×1.2
PGP-C 7.0-1	7.0	2.7	50.0	1.4	0.50	Φ25×1.2
PGP-C 8.0-1	8.0	2.8	42.2	1.4	0.50	Φ25×1.2
P222C	2.0	2.0	4.5	1.6	0.65	Φ22×1.2
P422C	4.0	2.1	20.0	1.4	0.65	Φ22×1.2
P622C	6.0	2.5	30.0	1.4	0.50	Φ22×1.2

装配式薄壁镀锌钢管大棚见图 20。

4. 塑料大棚的小气候及调节

(1)光照条件　大棚没有遮光部分,见光时间与外界相同,但

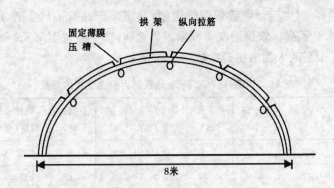

图 20　装配式薄壁镀锌钢管大棚示意图

是光照强度始终比自然界低。太阳光通过棚面薄膜进入大棚,棚面弧形各部位与太阳光构成的角度不同,在一天中任何时间都要反射掉一部分光照,加上薄膜吸收及拱杆、拉筋遮光,即使是钢管无柱大棚,太阳光透过率也只有 70% 左右。

　　大棚的光照强度随外界的天气转化和季节而变化。外界光照弱的季节,棚内光照也弱,外界光照强的季节棚内光照也强,晴天明显比阴天和多云天强。

　　大棚光照在水平分布上有差异,南北延长的大棚,午前东部光照强于西部,午后西部强于东部。东西延长的大棚,光照强度高于南北延长的大棚,但棚内光照分布不均匀,南部明显高于北部,最多相差 20%。

　　进入夏季以后,由于光照强度过高,有时对栽培的作物超过适宜温度上限,即使通风也不能解决问题,应降低光照强度。

　　(2)温度　大棚内地温在早春覆盖薄膜后,在密闭不通风的情况下,由于太阳辐射能转化为热能,气温升高,热量向下传导,棚内冻土层由上向下融化,深层土壤向上融化。地温升高后容易稳定,春季 10 厘米深地温比露地高 5℃～6℃(表 5)。

表5 大棚10厘米地温与外界比较 （℃）

项　目	3月11日（晴）	3月12日（多云）	3月13日（小雪）	平　均
大棚内	7.0	11.1	10.0	9.4
大棚外	2.0	6.0	3.0	3.7
大棚内外温差	5.0	5.0	7.0	5.7

　　大棚内10厘米深地温比较稳定,但浅层地温随气温而改变。白天光照充足,地表温度可达30℃以上,5～20厘米土层温度的日较差小于气温的日较差,但位相落后,深度越增加位相越迟,日较差也越小。在地温较低时地面的日较差大于气温的日较差。

　　早春5厘米深地温往往低于气温,但傍晚高于气温直至日出前。大棚内随太阳高度角加大,光照增强,大棚内气温、地温都随着升高。夏季作物遮蔽地面,薄膜透光率已经下降,通风量也大,棚内地温比露地低,对作物生育是有利的。秋季地温开始下降,进入初冬后地温降到园艺作物的临界温度以下,作物停止生长。

　　大棚内气温变化以太阳辐射为转移。晴天白天太阳光充足,气温上升快,最高气温出现在14时,比地温高12℃～13℃,最高可达15℃。最低气温出现在凌晨4时以后,棚内外温差3℃～4℃。棚内外的最高温差因天气而有所不同。晴天温差大,阴天温差小(表6)。

表6 大棚内外最高气温比较(℃)

天　气	棚　内	棚　外	内外温差
晴　天	38.0	19.3	18.7
多　云	32.0	14.1	17.9
阴　天	20.5	13.9	6.6

在同一纬度地区,大棚内最低气温也不一致,覆盖薄膜早的,土壤早化冻,升温快,土壤贮热量多,气温下降土壤放热补充,气温下降相对缓慢,最低气温出现晚,持续时间也短。

大棚内气温日变化趋势与露地相似,最低气温出现在凌晨,日出后随着太阳的上升,气温随着上升,8~10时上升最快,在密封条件下,每小时上升5℃~8℃,有时达到10℃以上。最高气温出现在13时,14时以后开始下降,每小时下降3℃~5℃,日落前下降最快。大棚内气温变化非常激烈,日较差比露地大。全年应用的大棚,12月下旬至翌年2月份日较差多在10℃以上,但很少大于15℃;3~9月份日较差超过20℃。晴天越是光照充足,日变化越剧烈,阴天变化较小,通风和浇水的情况下日较差缩小。北纬40°及其以南地区,气温在2月份以后明显回升。3月中旬以后,晴天的白天大棚内的气温可达40°以上。5~6月份不但气温升高,光照也强,单靠通风调节温度,在6~7月份已经不能满足栽培作物的需要,应该覆盖遮阳网。

大棚不同部位的气温也有差异,南北延长的大棚午前东部气温高于西部,午后西部气温高于东部,温差在1℃~3℃,夜间四周温度比中部低。

大棚的温度调节包括防寒保温以及通风和防高温,使栽培作物不受低温和高温的危害,为作物生长发育提供最适宜的温度。

大棚防寒保温一般不采用加温措施,主要是提早扣棚,增加土壤贮热;增施有机肥以增加土壤蓄热量;覆盖地膜,扣小拱棚是适应灾害天气的有效保温防寒措施。

(3)土壤水分和空气相对湿度 塑料大棚密闭性强,早春通风量很小,有时不通风,土壤蒸发、作物蒸腾的水分造成空气相对湿度很高,经常达到80%~90%。夜间棚温下降后,有时空气相对湿度达到100%。

大棚内空气相对湿度的变化规律是:气温升高空气相对湿度

下降,气温降低空气相对湿度提高。春天日出后随着温度的升高土壤蒸发和作物蒸腾加剧,如果不及时通风,水气大量增加;通风后空气相对湿度下降,停止通风前空气相对湿度最低。夜间温度下降,空气相对湿度往往达到饱和状态。

大棚的空气相对湿度达到饱和时,随着温度的升高空气相对湿度下降。棚温为 5℃ 时,温度每提高 1℃,空气相对湿度下降 5%;棚温为 10℃ 时,温度每提高 1℃,空气相对湿度下降 3%～4%。棚温为 20℃ 时,空气相对湿度为 70%;温度升高到 30℃ 时,空气相对湿度可降至 40%。

大棚的土壤水分来自扣棚前土壤贮存的水分和人工灌溉,不受降水的影响,可以根据栽培作物不同生育时期对水分的需要进行调节,完全能达到既不缺水也不过量的状态,对作物生育最有利。

大棚覆盖的普通薄膜,内表面布满了水珠,水珠累积到一定程度会形成冷雨滴落地面,深层水分不断通过毛细管上升到地表,使地面呈湿润状态,此时土壤水分已经不足,但却表现出不缺水的假象,容易使水分不能及时补充。

空气相对湿度高,对多种栽培作物的生长发育是不利的。所以茄果类蔬菜采用高垄或高畦栽培,覆盖地膜,进行膜下暗沟灌水或滴灌是必要的。

(4)大棚内气流运动　大棚内气流运动有两种方式:一种是由地面升起,汇集到大棚顶部的气流,称为基本气流;另一种是由基本气流汇集而成,沿着棚顶形成一层与棚顶平行的气流,不断向棚中央最高处流动,最后向下流动,补充到地面,填补基本气流上升后形成的空隙,称为回流气流。

基本气流的运动方向,容易受棚外气流的影响,其方向与风向相反,风力越大,影响越小。大棚密闭时,基本气流的流速很低,最低小于 0.01 米/秒,其平均值为 0.28～0.78 米/秒。通风后基本气流速度提高,流经叶层的新鲜空气也增多。大棚内不同部位基本气流的流速不同,中心部位及两端的流速较低,这些部位空气相对湿度较高。但是大棚两端开门,就不存在这种情况。不过大棚两侧与中部(水道兼通路)之间,气流的速度最低,空气相对湿度较高,发生气传病害时往往发病较早,病害也重。

大棚顶部不设通风口,回流气流从棚中央向地面回流,补充基本气流上升后形成的空隙,大棚两侧未通风时,回流的气流厚度小,通风后气流厚度显著增加。在多云天气,有时强烈的太阳光突然出现,照射棚面,回流气流经过棚顶时迅速被加热,温度升高。所以,遇到这种情况要特别注意通风,以防止高温危害。

早春大棚内外温差大,通风只能从围裙上扒缝进行,两端门口需要从地面上设一道40～50厘米高的薄膜作为挡风带,以防止扫地风侵入。当基本气流上升后,地表空气形成负压,吸引底风贴地表运动,风速较大,容易使气温下降,所以早春大棚的两端门口都要设置挡风带。到了夏季外温升高后,不但挡风带要撤除,还要揭开底围裙,以利于补充新鲜空气,降低大棚内温度。

三、日光温室

日光温室是我国独创的保护地设施。在北纬40°地区,冬季最低气温达到-20℃,甚至更低时,不进行人工加温也能生产喜温蔬菜,而且产量较高,品质较好。日光温室在节能方面居国际领先地位。到目前为止,除了我国的日光温室外,没有任何国家的任何保护地设施能在冬季不需加温能进行作物生产的。我国的日光温室从20世纪90年代以来发展较快,据2009年统计,全国的日光温室和联栋温室已经发展到14.8万公顷。目前,我国各地仍然在继续发展日光温室生产。

(一)日光温室的类型与结构

1. 日光温室类型　日光温室东西延长,坐北朝南,按前屋面的结构类型划分,主要有一斜一立式和半拱形两个类型。

(1)一斜一立式温室　跨度 7～8 米,脊高 3.1～3.6 米,后屋面水平投影为 1.4～1.6 米,温室长度为 60～80 米(图 21)。

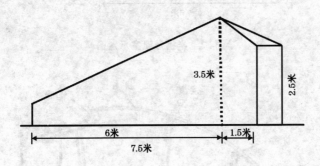

图 21　一斜一立式温室示意图

(2)半拱形日光温室　该型温室的跨度、高度、长度与一斜一立式温室相同,主要区别是前屋面的构型为半拱圆形。这种温室采光性能好,屋面薄膜容易被压膜线压紧,抗风能力强(图 22)。

2. 日光温室的结构　日光温室最普遍的是竹木结构和混合结构,钢架无柱永久式结构占的比重较小,但它却是发展的方向。

(1)竹木结构日光温室　该类温室的桁、檩、立柱和梁为木杆,拱杆用竹片构成。土筑山墙和后墙,后屋面用高粱秸或竹竿作箔,抹草泥。充分利用农副产物,保温效果好,造价低,农户可自行建造。其缺点是立柱多,遮光面大,作业不方便,不便于多层覆盖,每年都要维修,比较麻烦(图 23)。

为了克服该温室立柱多的缺点,将其改为悬梁吊柱式日光温室(图 24)。

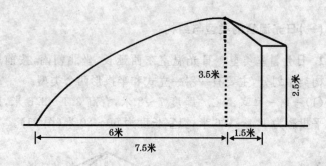

3.5米

2.5米

6米

1.5米

7.5米

图22　半拱形温室示意图

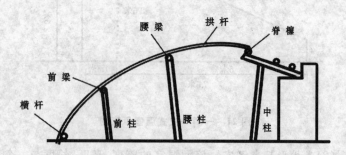

腰梁　　拱杆　　脊檩

前梁

横杆

前柱　　腰柱　　中柱

图23　竹木结构半拱形温室前屋面骨架

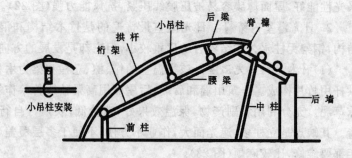

小吊柱　后梁　脊檩

拱杆

桁架

腰梁

小吊柱安装

前柱　　中柱　　后墙

图24　悬梁吊柱温室示意图

（2）混合结构日光温室　为了克服木杆立柱的柱脚易腐烂、使用年限短、需更换的麻烦，改用水泥预制柱、预制桁代替木杆，半拱形日光温室应用较多。

大连市瓦房店农民创造的混合结构琴弦式日光温室，前屋面取消立柱，改用钢管或粗木杆，也可用水泥预制杆桁架上按 40 厘米间距横拉 8# 铁线，在 8# 铁线上用细竹竿作拱杆将薄膜固定。20 世纪 80 年代中期冬季不加温生产果菜类蔬菜成功，北方各地到瓦房店参观考察，或从该市聘请有关技术人员去指导建设日光温室，所以琴弦式日光温室在不少地区有了一定面积的发展（图 25）。

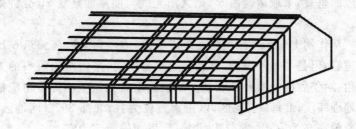

图 25　琴弦式日光温室示意图

（3）钢架无柱永久式温室　用镀锌管作拱杆，上端固定在后墙上，下端焊接在地梁上。山墙和后墙用砖砌筑，后屋面铺木板箔和防寒层，抹水泥砂浆，作两毡三油防水处理。这种温室一次造成，使用时间达 20 年以上，虽然造价高，但透光率高，保温效果好，管理方便，一劳永逸。

近年来，新建温室即使仍然应用土墙、土后屋面，前屋面也取消立柱，改为钢管骨架，在后墙部位设水泥预制柱，骨架上端焊接在立柱顶端，下端焊接在地梁上。

(二)日光温室的采光设计

日光温室的热能来自太阳辐射,白天太阳升起后,光线通过前屋面透入温室内,由短波光转为长波光,产生热量,从而提高温室内的温度。透入室内的太阳光越多,升温越快,温度越高,在采光设计上要最大限度地使太阳光透过前屋面进入温室。首先是温室前屋面的方位,其次是前屋面与地面的夹角。

1. 方位角 日光温室东西延长,前屋面朝南。日光温室采取正南的方位角,每天正午时,也就是太阳高度角最大时与温室前屋面垂直,进光最多;采取南偏东5°,则太阳光线提前20分钟与温室前屋面垂直;采取南偏西5°,则太阳光线与前屋面延后20分钟垂直。

从作物上午光合作用强度最高考虑,方位角采取南偏东5°比较适宜,但是冬季外温低,早晨卷起草苫较晚,采用南偏西5°的方位角,对午后的光照条件有利。所以确定日光温室的方位角应根据地理纬度,北纬40°地区,以正南方位为宜;北纬39°以南地区,以南偏东5°为宜;北纬41°以北地区,以南偏西5°为宜。

2. 前屋面采光角 确定温室跨度、高度以后,从温室最高点向地面引垂线,再从最高点向前底脚引直线,构成温室前屋面三角形(图26)。

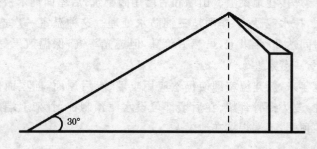

图26　前屋面与地面的夹角

前屋面与地面构成的夹角,与透入室内的太阳光关系密切,夹角越大,透光越多。在温室跨度和高度相同时,一斜一立式温室透光率就低,因为一斜一立式温室,前屋面的夹角应从立窗以上计算(图27)。

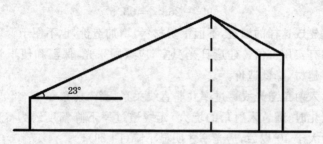

图 27 一斜一立式温室前屋面采光角

当太阳光与温室前屋面垂直,即入射角[入射光线与屋面垂直线(法线)的夹角]等于 0°时,透入室内的太阳光最多,所以称为理想屋面角(图28)。

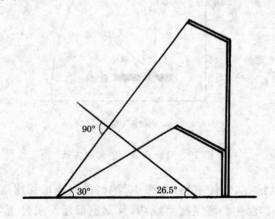

图 28 理想屋面角示意图

　　一年当中冬至日的太阳高度角最小,所以日光温室采光设计,以冬至日的太阳高度角为依据。以北纬40°为例,冬至日的太阳高度角为26.5°。与温室前屋面的夹角构成90°的投射角,即入射角等于0°时,温室前屋面的理想屋面角应为:

$$90°-26.5°=63.5°$$

　　建成这样的温室,不但浪费材料,增加造价,也不便于管理,根本没有实用价值。建造日光温室,应兼顾采光,保温和便于管理,节省建材,降低造价。

　　入射角与光线透过率并非直线关系,当入射角在0°～40°范围内变化时,随着入射角的增大,光线透过率下降幅度约为5%;入射角大于40°以后,透光率才明显下降(图29)。

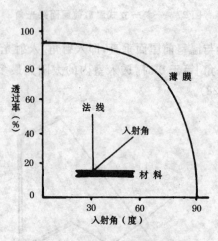

图29　透光率与入射角的关系

　　20世纪80年代中期,北纬40°地区的大连市瓦房店,冬季日光温室不加温生产喜温蔬菜成功,其温室前屋面采光角为23.5°,即入射角为40°。全国日光温室协作网专家组,经过实地考察认为:日光温室前屋面采光角,以入射角不大于40°为合理屋面角。

计算合理屋面角的公式：

合理屋面角＝90°－h_0－40°

式中，h_0为太阳高度角。以北纬 40°地区为例，合理屋面角＝90°－26.5°－40°＝23.5°。

北方各地日光温室的生产实践表明，按合理屋面角设计建造的温室，在冬季阴天少、日照百分率高的地区，气候正常的年份，不加温在北纬 40°地区可生产各种喜温园艺作物。但是，在低纬度地区，日照百分率低，阴天较多，或日照百分率高的地区天气反常，应用效果就不理想，甚至出现问题。为此，专家组经过深入考察研究，提出了合理时段采光屋面角理论，即从 10 时至 14 时的时段内，入射角都不大于 40°的简易计算合理时段屋面角的方法为：当地纬度减 6.5°。例如北纬 40°地区，日光温室前屋面采光角应为40°－6.5°＝33.5°。

3. 后屋面仰角　温室后屋面仰角受后墙高度、中脊高度和后屋面长度制约。温室的脊高和水平投影确定后，后屋面的仰角大小影响后墙的高矮。后墙矮仰角增大，提高后墙就要缩小仰角。仰角过大，后屋面陡峭，不便于管理，仰角过小，冬至前后太阳光照射不到后屋面内侧，光照有死角，影响温度升高。确定后屋面仰角应以冬至日的太阳高度角再增加 5°～7°。以北纬 40°地区为例，冬至日太阳高度角为 26.5°，再增加 5°～7°，应为 31.5°～33.5°。

为什么要先确定温室的脊高和后屋面水平投影呢？因为脊高和跨度是设计日光温室时确定的，后屋面水平投影与采光、保温关系密切。投影长则进光少，保温好；投影短则进光多，保温差。为兼顾采光和保温效果，以后屋面水平投影占总跨度的 1/5 为比较适宜。例如，温室脊高为 3.5 米，跨度为 7.5 米，后屋面水平投影为 1.5 米，则后屋面仰角应为 31°～33°，后墙高为 2.5 米。

(三)日光温室的保温设计

日光温室不加温冬季能生产喜温蔬菜,主要靠科学的采光设计,使大量的太阳辐射能进入温室内,转化为热能,从而提高温度,保证光合作用的进行。但是,日光温室怎样保持已产生的热量持续时间长,防止灾害性天气的低温冷害和冻害,关键在于保温,可见日光温室保温和采光同等重要。

1. 日光温室热量损失的途径

(1)贯流放热 透入日光温室的太阳辐射能转化为热能后,以对流、辐射方式把热量传导到与外界接触的维护结构(后墙、山墙、后屋面、前屋面)的内表面,从内表面传导到外表面,再以辐射和对流的方式散发到大气中去,这个过程叫贯流放热,也叫透射放热。贯流放热是温室热量损失的主要途径,放热快慢,放热量多少,决定于维护结构的导热系数。

(2)缝隙放热 温室后墙与后屋面结合处有缝隙,后墙、山墙有缝隙,前屋面覆盖的薄膜有孔洞,管理人员进出温室开关温室门,都会通过对流方式把温室的热量放到外面去。

(3)地中传热 日光温室内晴天接受太阳辐射能,转化为热能后,热能向地下传导,大部分热能传导到地下,成为土壤贮热。传导来的热量,加上原来的热量,以两种主要途径向室外散失:一种是夜间或阴天地面没有热量补给时,由地表面向空气中释放热量,进行热交换,地表温度低于下层温度,下层土壤的热量便向地表传导。由于温室四周被冻土层包围,热量就要通过横向传导,散失到室外。

日光温室从太阳辐射获得热量,又从以上3种方式放出热量。热量放出的途径见图30,图31。

日光温室从太阳辐射能获得热量,又通过贯流放热、缝隙放热和地中传导放出热量,这个过程符合热平衡原理。当温室获得的

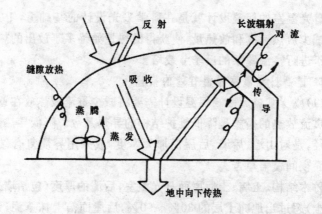

图 30　日光温室白天热平衡示意图

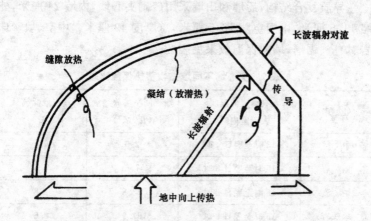

图 31　日光温室夜间热平衡示意图

热量与放出的热量相等时,室温保持不变,当获得的热量多,放出的热量少时,室温升高。反之,获得的热量少,放出的热量多时,首先气温下降,当气温降至低于地温时,土壤中贮存的热量传导到地面,补充空气热量,地温随着下降,进而发生冻害。

日光温室的保温设计就是在科学采光设计的基础上,千方百计地减少放热速度和放热量,使获得的热量始终多于放出的热量,以便于进行喜温蔬菜的反季节栽培。

2. 提高日光温室保温性能的措施

(1)减少贯流放热 保温设计需要将减少贯流放热放在首位。减少贯流放热的措施是降低维护结构的导热系数。降低导热系数的途径,是对山墙、后墙、后屋面加大厚度,或采用异质复合结构,前屋面夜间覆盖草苫。

竹木结构、土墙、土后屋面日光温室,后墙的厚度(包括墙外培防寒土)超过当地冻土层的 30%～50%,后屋面箔上抹草泥,铺杂草和玉米秸。

异质复合结构,后墙和山墙采用砖砌夹心墙,内墙 24 厘米,外墙 11.5 厘米,中间空隙 13.5 厘米,总厚度 49 厘米。中空、填珍珠岩、炉渣、锯屑,墙的保温效果见表 7。

表 7 夹心墙不同填充物蓄热保温比较

处 理	夹墙表面温度 大于室内时间	墙夜间平均放热量 (瓦/米²)	室内最低气温 (℃)
中 空	15 时至翌日 4 时	2.9	6.2
锯 屑	15 时至翌日 8 时	7.6	7.6
炉 渣	15 时至翌日 8 时	13.8	7.8
珍珠岩	15 时至翌日 8 时	37.9	8.6

20 世纪 90 年代中期以后,日光温室墙体和后屋面异质复合结构改用聚苯板,不但减少了墙体和后层面的厚度,而且保温效果也比较好。

日光温室贯流放热量最大部分是前屋面,只覆盖一层薄膜,面积又最大,导热速度最快,晴天太阳光照强,透入室内的太阳辐射能多,转化的热量超过放出的热量,室内温度就上升;午后随着太阳高度角的缩小,透入室内的太阳辐射能减少,转化的热量小于贯流放热放出的热量,温度开始下降。夜间热能来源断绝,放热照常进行,就需要覆盖阻止放热,传统的保温方法是覆盖草苫和纸被。其效果见表8。

表 8 日光温室覆盖草苫、纸被的保温效果

保温条件	早 4 时温度 (℃)	室内外温差 (℃)	加草苫增温 (℃)	加纸被增温 (℃)
室　外	−18.0	—	—	—
不盖草苫、纸被	−10.5	+7.5		
加盖草苫	−0.5	+17.5	10.0	
加盖草苫、纸被	6.3	+24.3	10.0	6.8

注:鞍山市园艺研究所测试

(2)减少缝隙放热　墙体防止出现缝隙的措施:土墙不论用草泥垛墙还是夯土墙,分段进行时不能对接,采用重叠连接,避免产生干缩缝;砖石筑墙,外墙皮抹水泥砂浆,内墙皮抹白灰;后屋面与后墙交接处不能有缝隙;温室门设在靠后墙的山墙处;有作业间设在山墙外,进出温室经过作业间;温室门冬季挂棉门帘。

(3)防止地中横向传导放热　墙体较厚,后墙内侧设通道,避免栽培作物区内的地中传热。东、西山墙内侧地中传热,因面积较小,放热量较小。前底脚放热量大,需要采取措施,传统的方法是在温室外前底脚挖 40 厘米宽、50 厘米深的防寒沟,填入乱草,培土踩实,考虑到降雨后防寒沟潮湿,导热系数增大,可用旧薄膜衬于沟中将乱草包严再培土。另外,用 5 厘米厚、50 厘米高的聚苯板立埋于前底脚外,保温效果较好。

(四)日光温室的建造

1. 场地选择 日光温室的保温主要靠太阳辐射能。首先要选择太阳光充足,南面没有山峰、树木、高大建筑遮光物体,要避开山口、河道等风道,不靠近机动车辆频繁通过的乡间土道,更重要的是建造日光温室的场地必须符合无公害生产的环境条件。

(1)大气标准 根据《无公害食品 蔬菜生产的环境条件》(NY 5010－2002)规定,无公害蔬菜生产的环境空气质量要求见表9。

表9 环境空气质量要求

项 目	日平均	八小时平均
总悬浮颗粒物(标准状态)/(mg/m³)≤	0.30	—
二氧化硫(标准状态)/(mg/m³)≤	0.15 0.25	0.50 0.70
氟化物(标准状态)/(mg/m³)≤	1.57	—

(2)水质标准 根据《无公害食品 蔬菜生产的环境条件》(NY 5010－2002)规定,无公害蔬菜生产的灌溉水质量要求见表10。

表10 灌溉水质量要求

项 目	浓度限值	项 目	浓度限值
pH值	5.5～8.5	总铅/(毫克/升)≤	0.05～0.01
化学需氧量/(毫克/升)≤	4.0～150	石油类/(毫克/升)≤	0.10
总汞/(毫克/升)≤	0.001	镉/(毫克/升)≤	0.50
总镉/(毫克/升)≤	0.005～0.01	氰化物/(毫克/升)≤	1.0
总砷/(毫克/升)≤	0.05	粪大肠菌群/(个/升)	40000

(3)土壤环境质量标准 根据《无公害食品 蔬菜生产的环境条件》(NY 5010—2002)规定,无公害蔬菜生产的土壤环境质量要求见表11。

表 11 土壤环境质量要求 (单位:毫克/千克)

项 目	含量限值		
	pH<6.5	pH 6.5～7.5	pH 7.5
镉≤	0.3	0.30	0.4～0.6
汞≤	0.25～0.30	0.30～0.50	0.32～1.0
砷≤	30～40	25～30	20～25
铅≤	50～250	50～300	50～350
铬≤	150	200	250

除了以上的基本条件外,最好充分利用已有的水源和电源。

2. 温室群规划 日光温度以外向型生产为主,发展较大的温室群,发挥批量生产的优势,与大流通、大市场对接,吸引外地客商,拓宽销售渠道。

选好场地后,首先要调整土地(因为土地由家庭承包),丈量面积,测准方位,确定温室的跨度、高度、长度及前后排温室的距离,绘制田间规划图,即可按图施工。

(1)确定方位角 在场地上根据方位角设置主干道。利用罗盘仪测出磁子午线,再根据当地磁偏角测出真子午线。不同地区的磁偏角不同,除了新疆乌鲁木齐外,全国各地的磁偏角多数偏西(表12)。

表 12　不同地区的磁偏角

地　区	磁偏角(D)	地　区	磁偏角(D)
漠　河	11°00′(西)	长　春	8°53′(西)
齐齐哈尔	9°54′(西)	满洲里	8°40′(西)
哈尔滨	9°39′(西)	沈　阳	7°44′(西)
大　连	6°35′(西)	赣　州	2°01′(西)
北　京	5°50′(西)	兰　州	1°44′(西)
天　津	5°30′(西)	遵　义	1°25′(西)
济　南	5°01′(西)	西　宁	1°22′(西)
呼和浩特	4°36′(西)	许　昌	3°40′(西)
徐　州	4°27′(西)	武　汉	2°54′(西)
西　安	2°29′(西)	南　昌	2°48′(西)
太　原	4°11′(西)	银　川	3°35′(西)
包　头	4°03′(西)	杭　州	3°50′(西)
南　京	4°00′(西)	拉　萨	0°21′(西)
合　肥	3°52′(西)	乌鲁木齐	2°44′(东)
郑　州	3°50′(西)		

　　(2)计算前后排温室间距　前后排温室的间距,以每天卷起草苫后,前排温室不遮蔽后排温室,使后排温室前底脚能见到太阳光为适宜。如间距过小则遮光;间距过大则浪费土地。建造日光温室应在不影响后排温室采光的前提下,尽量缩小间距。计算前后排间距,需根据温室最高透光点(温室脊高加上卷起草苫的高度)和冬至日的太阳高度角,按下列公式计算:

$$s = \frac{h}{tgH_0} - L_1 - L_2 + K$$

式中：s 为前后温室的间距（米），h 为与温室最高透光点，tgH₀ 为冬至日正午太阳高度角的正切值，L_1 为温室后屋面水平投影，L_2 为温室后墙底宽，K 为修正值（取 1.1～1.3 米）

例如，北纬 40°地区日光温室建造跨度 7.5 米，脊高 3.5 米，卷起草苫 0.5 米，墙体厚 0.61 米，冬至日太阳高度角 26.5°，其正切值为 0.498，代入公式：S=（3.5+0.5）÷0.489－1.5－0.61+1.2＝7.3 米。计算时修正值（K）取 1.2 米（图 32）。

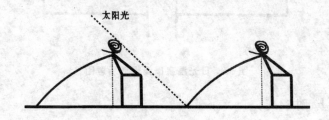

图 32　前后排温室间距示意图

（3）绘制田间规划图　选好场地，丈量面积，测准方位角，确定温室的高度、跨度和长度。前后排温室的间距，按 1：100 或 1：500 绘制田间规划图（图 33），即可按图施工。

3. 钢管骨架无柱日光温室的建造

（1）拱架制作　先绘制温室结构图，注明跨度、高度、后屋面水平投影长度。跨度为 7.5 米，脊高为 3.5 米，后屋面水平投影长 1.5 米，温室长 88.8 米。按 1：100 绘制。

用 9.6 米长的镀锌钢管 105 根，在模具上弯成拱架上弦，用 Φ12 钢筋作下弦，上、下弦间距 20 厘米，用 Φ10 钢筋作拉花，焊成一片拱架。

拱架的最高点向前移 10 厘米，用 Φ12 钢筋弯成"T"形焊在最

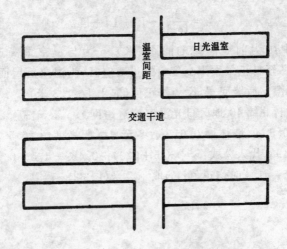

温室间距

日光温室

交通干道

图33 日光温室田间规划示意图

高点上(图 34)。

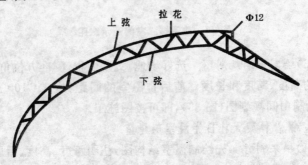

上弦　拉花　Φ12

下弦

图 34 钢管拱架示意图

(2)筑墙 永久式温室多用红砖砌筑夹心墙。内外墙均砌 24 厘米厚的墙,或内墙厚 24 厘米,外墙厚 11.5 厘米,中间空隙 11 厘米,用 5 厘米厚的聚苯板立两层(错口),后墙顶端浇筑钢筋混凝土梁,梁上预埋角钢。

为了降低造价,用推土机推筑后墙和山墙,首先将温室内的表土 10 余厘米推到南面,然后将室内下层土和室外土用推土机推成土坝式墙休,边推边夯实。墙基部厚 2～2.5 米,顶部厚 1 米。内墙用锹切直,在后墙底部按 0.9～1 米间距,垂直埋 1 根水泥预制柱,柱顶留出钢筋头。

(3)焊接拱架　不论哪种墙体,前底脚处都要浇筑钢筋混凝土地梁,将拱架上端焊在后墙顶梁的角钢上或水泥预制柱上,下端焊在前沿地梁的角钢上。永久式温室拱架间距 85 厘米,土墙温室拱架间距 0.9～1 米。在拱架下弦上,用 4 分镀锌管或 Φ14 钢筋分别焊两根拉筋,将拱架连成整体。拱架顶端焊上一道槽钢(图 35)。

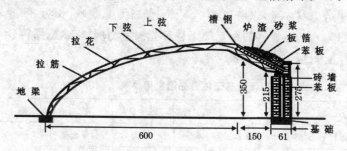

图 35　钢管骨架无柱温室示意图　(单位:厘米)

(4)建造后屋面　在钢管拱架后部用木板或细竹竿作箔,铺平后,上面铺 5 厘米厚的聚苯板,上面再铺 5 厘米厚的稻草苫,草上铺炉渣。在后墙体顶部砌筑 50 厘米高的女儿墙,女儿墙与屋脊间的三角区用炉渣填平,抹水泥砂浆后,进行两毡三油防水处理。土后坡的温室建造与传统的竹木结构温室相同,每年需重新铺设。

4. 日光温室覆盖塑料薄膜的种类和方法

(1)薄膜的种类　塑料薄膜的种类很多,日光温室需要的薄膜与塑料棚不同,因为应用的关键时期是冬季,见光时间短,光照弱,需要透光率高、内表面无滴水的薄膜。适合覆盖日光温室的薄膜有聚乙烯双防膜、聚氯乙烯双防膜、聚氯乙烯防尘耐候无滴膜、聚乙烯多功能膜、漫反射膜、聚乙烯紫光膜。栽培紫色茄子品种时，最好覆盖紫光膜，这样果实着色较好。

（2）覆盖方法　为了便于通风，常在温室前底脚处设置 0.8～0.9 米高的围裙。用 1 米幅宽的薄膜，上边卷入塑料绳烙合成筒绑在各拱杆上，两端拉到山墙外固定在山墙上，底部埋入土中，上边覆盖一整块薄膜，展平拉紧，上端固定在脊上，下端延过围裙 30 厘米，东西两侧拉到山墙外固定。膜上每两根拱架之间用 1 条压膜线压紧。压膜线上端固定在后屋面上，下端固定在地梁或地锚上。

5. 钢管骨架无柱日光温室建造用料　为了便于广大菜农朋友建造温室参考，以跨度为 7.5 米、脊高为 3.5 米、长为 88.8 米、面积为 667 平方米的钢骨架无柱日光温室为例，将建造用料（不包括作业间）列表介绍（表 13）。

表 13　钢管骨架无柱日光温室用料表　（667 平方米）

名　称	规　格	单　位	数　量	用　途	备　注
镀锌管	6 分×9.6 米	根	105	骨架上弦	
钢　筋	Φ10×9.6 米	根	105	骨架下弦	
钢　筋	Φ10×9.0 米	根	105	拉　花	
钢　筋	Φ10×90 米	根	4	顶梁筋	
钢　筋	Φ5.5×0.35 米	根	210	顶梁箍筋	
角　钢	5 厘米×4 厘米×4 毫米×90 米	根	2	焊接骨架	预埋在顶梁地梁上
镀锌管	4 分×90 米	根	2	拉　筋	
槽　钢	5×5×5×90 米	根	1	屋脊拉筋	固定薄膜顶端
红　砖		块	70000	墙体	

续表 13

名 称	规 格	单 位	数 量	用 途	备 注
水 泥	325#	吨	40	砂浆、浇梁	
沙 子		米³	1	砂 浆	
碎 石	2~3厘米	米³	3	浇 梁	
毛 石		米³	35	基 础	
钢 筋	Φ5.5×0.4米	根	132	箍 筋	
聚苯板	200×100×5	张	200	保温层	
细铁丝	16#	千克	2	绑 线	
木 材		米³	4	箔、门、窗	
白 灰	袋 装	吨	0.5	抹墙里	
沥 青		吨	1.5	防 水	
油毡纸		捆	20	防 水	
塑料薄膜	0.1	千克	75	覆盖前屋面	
草 苫	800×150×5	块	110	防寒保温	
压膜线		千克	15	压 膜	

6. 日光温室的辅助设备

(1)作业间 在山墙外靠近道路的一侧设置作业间作为管理人员休息的场所,也可放置小农具或作为产品分级包装的地方,更主要的是通过作业间进出温室,起到缓冲作用,减少缝隙放热,提高保温效果。

作业间的面积多为 20~30 平方米。有的农户为了管理方便,将作业间与家庭生活结合起来,在作业间内厨房、卧室设置齐全,面积随之增加。

(2)给水设备 在建温室前进行田间规划时,就要打深机井、建水塔或大型贮水池,埋设地下管网。水塔或贮水池的容量必须在50立方米以上,出水口与温室进水口的落差应达高程差10米以上,送水的压力应达到0.1～0.2兆帕。

管道是把水塔或贮水池的水引向温室的通道,大型温室群须由干管、分管和支管三级管网组成。干管设在温室群的一端(南端或北端),在不设作业间的山墙外设南北延长的分管,每栋温室设一支管。干管和分管用铸铁管,支管用钢管或高压聚乙烯管。干管内径150毫米,分管内径100毫米,支管内径37.5～50毫米,均埋在冻土层下,水流入输水管之前需经尼龙纱过滤,以防止堵塞。

日光温室最适宜的灌溉方式是软管滴灌,多用聚乙烯塑料薄膜滴管带,厚度为0.8～1.2毫米,直径有16毫米、20毫米、25毫米、32毫米、40毫米、50毫米等规格。日光温室畦垄短,可选用直径小的软管。软管的左右两侧各有一排直径0.5～0.7毫米的滴水孔,孔距25厘米,两排孔交错排列。

在温室内东西拉一道输水管(内径40毫米的高压聚乙烯管),一端连接在进入温室的支水管上,另一端封死,输水管上接滴灌软管的位置打孔安装旁通,软管套在旁通上扎紧,软带安放在畦垄上,另一端也扎紧。

滴灌最好用压力表调节水压,调到0.03～0.05兆帕,压力过大容易造成软管破裂。如没有压力表可以从滴水软管的表现判断:软管呈近圆形,水声不大,表明压力合适;软管呈圆形,绷得较紧,水声较大,表明压力偏大,应及时调整。应用软管滴灌应多施农家肥作基肥,减少追肥次数。

(3)输电线路　进行温室群田间规划时,输电线路与灌溉管网必须统一规划,地下电缆与输水管网埋入冻土层下同一沟中,这样既省人工,又无须设电线柱,可避免遮光和影响交通。

(4)卷帘机　日光温室前屋面靠草苫保温,夜间放下,白天卷起。温室长度一般为80米左右,100多块草苫,卷放草苫需要较长时间,故在严寒冬季卷早了放晚了会降低室内温度;如果要达到卷起草苫、放完草苫后温度适宜,必然造成见光时间过短。只有短时间内完成卷放草苫作业,才能最大限度地延长见光时间,充分利用太阳辐射能,故有条件的应安装电动卷帘机。

20世纪中期日光温室开始应用卷帘机卷放草苫,开始是手动卷帘机,后来逐渐发展为电动卷帘机,进入21世纪以来电动卷帘机已经普及。

(5)补助加温　日光温室之所以在冬季能不加温而生产喜温蔬菜,是因为温室采光科学,保温性能好。但是遇到气候反常,出现如连续阴天、降雪、寒流强降温灾害性天气,难免出现低温冷害甚至发生冻害,即使保温特别好,不受冻害,也影响作物正常生长发育,影响采收期和产量。所以,遇到灾害性天气补助加温是必要的。

日光温室的补助加温设备,主要有烟道加温和热风炉加温。

烟道加温应用最早,在靠后墙部位,距温室门10米左右设一个火炉,连接7~8米长的烟道,烟道末端由烟筒伸出温室外。火炉用红砖砌在地面下,烟道用瓦管,靠近火炉1米左右用砖砌烟道,以防止烧裂瓦管(图36)。

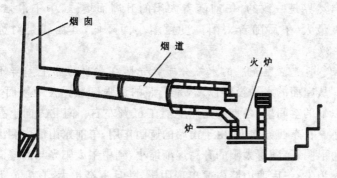

图36　烟道加温示意图

烟道加温虽然在灾害性天气能使作物不受冻害,但是有很多缺点,室内后部温度高,前部低,对作物生长不利。所以最好用热风炉加温。

热风炉加温的火炉设在室外,燃烧煤炭将夹层的空气加热,由热风筒送入温室。热风筒由薄铁筒2～3米做成,以后用薄膜筒,薄膜筒壁打孔,距火炉越远处打孔越多。需要加温时,燃烧火炉,加热的空气吹入热风筒,热风筒悬在室内空中,散出热风,升温快,不污染环境,对作物无害,节省燃料,热能利用率高。

热风炉的型号较多,生产厂家也较多,用户可根据需要选购。热风筒用薄铁筒做成,可到市场选购;薄膜筒可用聚乙烯塑料薄膜络合和打孔。

(五)日光温室的环境特点及调控

1. 光照条件及调控 利用日光温室进行茄子反季节栽培,主要是在冬季和早春,太阳高度角小,光照弱,又经过前屋面反射和薄膜吸收、骨架的遮蔽,所以光照不足是突出问题。

(1)日光温室的光照分布与变化

①日光温室光照的时空分布 日光温室内的光照强度变化与自然界是一致的,午前随着太阳的升高而增强,中午最强,光照度最大,午后随着太阳高度角缩小而降低,其曲线是对称的(图37)。

②日光温室光照的水平分布 光照在水平分布上差异不明显。从屋面的水平投影以南,是光照的最强区域。在距地面0.5米以下的空间里,各点的光照度都在60％左右。南北方向上差别较小。在东西方向上,由于山墙的遮荫作用,午前东山墙内侧出现三角形阴影,随着太阳的升高逐渐缩小,到中午太阳光与前屋面垂直时消失;午后西山墙内侧出现阴影,并且逐渐扩大,直到放下草苫或日落为止。

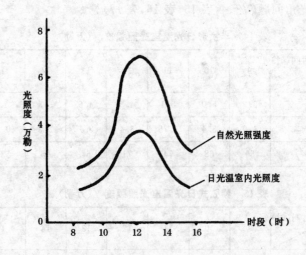

图 37　日光温室光照度变化与时间的关系

后屋面下的光照,由南向北递减,后屋面越长光照的递减越明显。

③日光温室光照的垂直分布　距前屋面薄膜越近,光照度越高,向下递减,其递减速度比室外大。薄膜附近的相对光强 80%左右,距地面 0.5～1.0 米处的相对光强只有 60%左右,距地面0.2 米处只有 55%左右。

(2)光照条件的调节　日光温室调节光照条件,主要是争取多透入太阳光和提高光照强度。

①减少建材的遮光　钢管骨架无立柱温室,建材截面小、透光率高,又没有立柱遮光,该温室是温室生产发展的方向。

琴弦式日光温室前屋面也没有立柱,但是与半拱形无柱温室比较,从 9 时至 15 时的平均透光率,半拱形温室为 62.5%,琴弦式温室为 58.6%,说明琴弦式日光温室比半拱形日光温室一天中平均透光率低 3.9%。琴弦式温室不但透光率低,光照的水平分布和垂直分布都低于半拱形温室,主要是一斜一立式的前屋面构型的采光角问题(表14,表15,表16,表17)。

表14 半拱形日光温室光照强度 (万勒)

时间(时) 地 点	9	10	11	12	13	14	15
室 外	3.2	5.0	5.1	4.8	4.6	3.5	1.6
室 内	1.9	3.4	3.75	3.4	3.1	2.3	0.56
透光率(%)	59	68	74	71	67	65	35

表15 琴弦式日光温室光照强度 (万勒)

时间(时) 地 点	9	10	11	12	13	14	15
室 外	3.2	5.0	5.1	4.8	4.6	3.5	1.6
室 内	1.9	2.5	3.6	3.4	3.0	2.1	0.54
透光率(%)	59	60	71	71	65	60	34

表16 光照强度垂直分布 (10时,万勒)

高度(米) 温室类型	地表0	1	1.5	2.0	2.5	15
半拱形	2.0	2.1	2.4	2.6	2.9	3.0
琴弦式	1.9	2.0	2.2	2.3	2.8	2.9

表17 光照强度水平分布 (10时,万勒)

距离(米) 温室类型	0	0.5	1.0	1.5	2.0	2.5	3.0	3.5	4.0	4.5	5.0	5.5	6.0
半拱形	1.8	2.0	2.2	2.5	2.75	2.6	2.4	2.3	2.2	2.0	1.95	1.7	1.6
琴弦式	1.8	1.95	2.0	2.1	2.1	2.2	2.3	2.45	2.0	1.9	1.7	1.5	0.9

②选用透光率高的薄膜 选用流滴持效时间长，透光率高的无滴膜，覆盖时充分展平拉紧，压膜线压紧，避免出现皱褶。经常清扫薄膜外表面，防止污染，影响透光。

③张挂反光幕 利用聚酯镀铝膜，张挂在温室栽培畦的北部，作为反光幕，反光幕前的地面和空间明显增强光照，有提高气温和地温的作用。镀铝膜幅宽为 1 米。两幅镀铝膜对接，用透明胶带黏合，在后屋面下栽培畦北侧，东西向拉一道细铁丝，把反光幕的上边用透明胶带粘在铁丝上，也可用曲别针固定在铁丝上，垂直张挂。

反光幕前增光效应明显。但是不同季节、不同天气有差异，阴天增光率大于晴天，冬季增光率大于春季（表 18，表 19，表 20，表 21）。

表 18 反光幕对气温的影响 （℃）

高度（米）处 理	地表温度				60 厘米高温度			
	0	1	2	3	0	1	2	3
张挂反光幕	28.0	31.0	30.2	27.7	/	29.5	26.8	/
不挂反光幕	24.9	26.8	26.8	26.3	/	27.6	24.3	/
差 值	3.1	4.2	3.4	1.4	/	1.9	2.5	/

表 19 反光幕的水平增光效果

位置高度（米）照 度	地表照度（万勒）				60 厘米空间照度（万勒）			
	0	1	2	3	0	1	2	3
张挂反光幕	3.51	3.68	3.96	3.43	4.42	4.36	4.65	4.65
不挂反光幕	2.50	2.85	3.33	3.14	3.09	3.60	4.14	4.31
增光量	1.01	0.83	0.63	0.29	1.23	0.75	0.51	0.34
增光率（%）	40.0	29.1	18.9	9.2	43.0	20.8	12.3	7.8

表 20 反光幕不同季节中午增光 （万勒）

季节处理 处理（米）	地表温度				60 厘米高温度			
	0	1	2	3	0	1	2	3
1	2.89	2.00	0.89	45.5	4.77	3.63	1.14	31.4
2	2.90	2.20	0.70	31.8	4.84	4.27	0.57	13.5
3	3.04	2.60	0.42	16.0	5.70	4.99	0.71	14.2
4	2.62	2.40	0.22	9.1	5.17	4.92	0.26	4.4

表 21 反光幕对地温的影响 （℃）

深度时间 处理	5 厘米			10 厘米		
	8 时	14 时	18 时	8 时	14 时	18 时
张挂反光幕	16.0	25.2	21.4	14.0	22.1	19.8
不挂反光幕	14.1	22.3	18.6	13.4	20.3	17.9
差 值	1.9	2.9	2.8	0.6	1.8	1.9

④延长光照时间 日光温室冬季见光时间是上午卷起草苫后，下午覆盖草苫前的时间。冬季太阳高度角小，光照弱，只有尽量延长见光时间，才能有利于温度升高和作物光合作用的进行。但是由于外温低，草苫卷早了室内气温下降，放晚了气温也下降，影响夜间保温，因此要抓紧在温度不受影响的短时间内完成草苫的卷放。所以，日光温室只有应用电动卷帘机，才能在5～6分钟内将草苫卷起或放下。

⑤人工补光 在温室前屋面作物顶部，每10～15平方米设置1个40瓦的日光灯，在阴天光照不足时进行补光，加强光合作用，对作物的生长发育是有利的。

2. 温度条件及调整

(1)日光温室地温

①日光温室的热岛效应　进入冬季后,北方广大地区土壤温度下降很快,地表出现冻土层,纬度越高封冻越早,冻土层越深。日光温室采光科学,保温措施有力,即使室外冻土层深达 1 米,室内土壤温度也可保持在 12℃以上,能保证喜温蔬菜的正常生长发育。从地表到 50 厘米深的地温都有明显的增温效应,但以 10 厘米以上的浅层增温最为显著,这种增温效应称之为热岛效应。

日光温室的土壤与外界的土壤并没有隔绝,室内外温差很大,所以土壤的热交换是不可避免的。由于土壤的热交换,使室内四周与室外交界处的地温不断下降,此时加厚墙体和前底脚外的防寒措施,是减少地中横向传热的有效措施。

②日光温室土壤温度的水平分布　日光温室内由于光照的水平分布和垂直分布有差异,各部位地面接收太阳光照的强度和时间长短、与外界土壤邻接的远近,受温室进出口缝隙放热的影响,地温的水平分布有以下两个特点:一是 5 厘米深土层的地温不同部位有差异,中部地带的地温最高,由南向北递减。后屋面下的地温稍低于中部,比前沿地带高。东西方向上差异不大,靠近进出口的一侧温度变化较大,在西山墙内侧地温最低。二是地表温度在南北方向上变化比较明显,但是晴天和阴天表现不同,白天和夜间也不一致。晴天的白天,后屋面水平投影以南地温最高,向南向北递减;夜间后屋面下地温最高,向南递减。阴天和夜间地温变化的梯度较小。

③日光温室土壤温度的垂直分布　冬季日光温室内的土壤温度,在垂直方向上的分布与外界明显不同。在室外自然条件下,0～50 厘米深的地温随深度而增加,即越是深层温度越高,不论晴天或阴天都是一致的,但日光温室里情况完全不同,晴天上层土壤温度高,下层土壤温度低;阴天特别是连续阴天,下层土壤比上层土壤温度高。其原因是晴天地表接受太阳辐射温度升高向下传

递,遇到阴天,尤其连续阴天,太阳辐射极少,温室里的温度主要靠土壤贮存的热量来补充,越是靠近地表处,交换和辐射出来的热量越多,其温度也下降得越多。地表的热量越多,其温度也下降得越多。地表的热量损失靠土壤深层热交换传导上来的热量来补充,所以,连续阴天时间越长,地温消耗也越多,在连续阴7~10天的情况下,地温只能比气温高1℃~2℃,对喜温蔬菜就会造成危害。

日光温室土壤温度的垂直分布,白天和夜间不同,晴天的白天地表0厘米温度最高,随深度的增加递减,13时温度达最高。夜间以10厘米深处最高,向上向下均低,20厘米深处的地温白天与夜间温差不大。阴天时20厘米深处的地温最高。可见日光温室深翻增施有机肥,改善20厘米耕作层的土壤吸热和贮热能力,是重要措施。

④日光温室土壤温度的日变化 以太阳辐射能为热源的日光温室,地温随着卷起草苫透入太阳辐射能,到放下草苫不见太阳光而变化。表示地温变化常采用日较差和位相两个概念。日较差是指一天中最高与最低地温的差异;位相是指最高和最低温度出现的时间。

晴天地表0厘米地温最高,向下随深度的增加而降低。地表最高温度一般出现在13时,5厘米深地温最高值出现在14时;10厘米地温最高值出现在15时左右。每小时向下传递5厘米深左右。

地温的日较差以地表为最大,向下随深度的增加而减少,大约在20厘米处日较差最小。

(2)日光温室的气温

①太阳辐射与气温 太阳辐射的日变化,对日光温室的气温有着极大的影响。太阳辐射强时,室内气温上升快,温度高,阴天时散射光仍可使室内气温有一定程度的提高。夜间或放下草苫后,太阳辐射断绝,除了刚放完草苫短时间气温略有回升外,室内气温一直呈平稳下降状态。

为什么刚放下草苫室内气温略有回升？原因是日光温室的贯流放热是不断进行的，白天太阳辐射能不断透入室内，贯流放热损失的热量，没有太阳辐射能转化的热量多，所以室内气温不断升高，到了午后，光照强度减弱，转化的热量没有放出的热量多，气温开始下降，降到一定程度就要放下草苫保温，即阻止贯流放热。刚放下草苫，贯流放热突然减少，而墙体、温室建材上和土壤的蓄热均向空气中释放，所以出现短时间的气温回升。

日光温室的气温远远高于外界温度，但是与外界温度有相关性。光照充足的白天，外界温度较高时，室内气温升高也快，温度也高；外界温度低时，室内气温也低。但是室内外温度并不是呈正相关，因日光温室的温度完全取决于光照强度，严寒冬季，即使外温很低，只要是晴天光照充足，室内气温也很快升高，并且能保持较高温度；遇到阴天，虽然外温并不低，室内气温也很少上升。

日光温室气温的高低，关键在于采光设计，保温措施也很重要。采光设计科学，保温措施有力的日光温室，冬季温室内外温差可达25℃以上，即外界最低温度达到－20℃时，室内气温仍可保持5℃以上（表22）。

表22　日光温室不同天气增温效果　（℃）

日期（月/日）	天气条件	最低气温		增温	最高气温		增温	平均气温		增温
		内	外		内	外		内	外	
12/25	晴	9.7	－5.8	15.5	29.0	0.9	28.1	16.1	－2.8	18.6
1/15	有时多云	9.5	－9.0	18.5	25.0	2.9	22.1	14.8	－1.7	16.5
12/26	阴1天	8.0	－8.4	16.4	15.5	－2.3	17.8	10.9	－5.2	16.8
12/27	阴有小雪	9.2	－10.0	19.2	9.2	－0.8	13.0	8.6	－7.3	15.0
12/30	连阴3天	7.4	－4.2	11.6	14.5	－0.8	15.3	9.6	－2.9	12.5
1/3	阴转晴，积雪、有雾	8.7	－19.6	28.3	28.3	－0.7	30.2	13.9	－11.7	25.6

②气温的日变化　日光温室气温变化与天气有关。日光温室气温的日变化晴天显著,阴天不明显。冬季最低气温出现在早晨卷起草苫前。有时卷起草苫后稍有下降,接着很快上升,在密封条件下每小时上升6℃～10℃,11时前上升最快,13时达到高峰,以后缓慢下降,15时后下降速度加快,直到放下草苫为止。放下草苫后气温回升1℃～3℃,很快缓慢下降,第二天卷草苫前最低。下降速度与外界温度及风速有关,主要决定于保温措施。

③气温的水平分布　日光温室内不论东西之间、南北之间都存在气温的不均匀性。中部1～2米的范围内气温最高,向南向北递减,在前沿和后屋面下变化梯度较大。晴天白天南部气温高于北部,夜间北部高于南部。昼夜差较大,对园艺作物的生长发育是有利的。日光温室栽培的园艺作物,不论产量、品质南部都优于北部。东西方向上分布的差异较小。只有靠东西山墙2米左右处的温度较低,靠近出口处温度最低。

④气温的垂直分布　日光温室在冬季密闭的条件下,气温在垂直分布上表现为上高下低,但在中部以南1米左右有个低温层,这个低温层随着季节在变化,1月份大约距地面1米,2月份上升至2米左右,比上、下部位低0.5℃左右。气温的垂直分布因位置的不同,随着时间而变化,但早、晚温度低时变化梯度小,中午由于温度高,变化梯度大。

(3)日光温室的温度调节　日光温室进行反季节栽培的蔬菜种类较多,各种不同的蔬菜对温度的要求有差异,即使是同一种蔬菜,不同生育阶段对温度的要求也不完全一致,其中果菜类蔬菜对温度的反应比较敏感。在茄果类蔬菜中,茄子对最适温度的要求最严格。

光照条件较好,保温措施得力的日光温室,在气候正常的年份中,冬季生产茄子,可以按各个生育阶段,按适宜温度范围进行,但是有时难免出现灾害性天气,所以应采取偏低温管理,以防一旦出现天气反常时,突然降温,作物生长受到影响。

晴天光照条件好时,午前光合作用强,温度适当提高,午后比午前降低5℃左右,茄子栽培要求夜间温度前半夜为20℃～16℃,后半夜为13℃～11℃,这是因为前半夜是光合作用运转时间,后半夜主要是呼吸消耗过程,降低温度有利于抑制呼吸消耗。

调节温度的方法是白天通风,夜间保温。通风的时间、部位、风口的大小,根据作物的需要、季节和天气情况决定。冬季外温低,应从温室脊部通风,春天从围裙上部扒缝通风,将压在围裙上的薄膜向下卷向上推,如果向上卷,推上去后会自动退下来。夏天将前底围裙揭开,昼夜通底风。

保温措施是覆盖草苫。当夜间室内最低气温降到栽培作物适宜温度下限时,夜间开始覆盖草苫。遇到寒流强降温时,可采用加保温措施,畦面扣塑料小拱棚,小拱棚上再覆盖农用无纺布,无立柱温室扣中棚,保温效果更好。有辅助加温的温室,在气温降至适宜温度下限时开始加温,但温度不宜过高。

在事先没有准备,突然遇到寒流时,可采取应急措施,取几个炭火盆在室外烧红木炭后再搬入温室。如温室内降温不太严重时,在温室前底脚处每相距1米处点燃一支蜡烛。

3. 水分条件及调节　日光温室的水分包括土壤水分和空气湿度。土壤水分的含量既影响蔬菜作物从土壤中吸收水分和养分,还影响土壤中空气的含量,同时对作物根系的呼吸、土壤微生物活动和土壤溶液浓度也有影响。同样的施肥量,如土壤水分不足,则溶液浓度增大,影响根系吸收;如水分过多,土壤中氧气减少,影响根系吸收。

(1)日光温室土壤水分变化规律　日光温室的土壤水分来源于前屋面覆盖薄膜前土壤中贮存的水分。覆盖薄膜以后完全靠灌溉。土壤水分消耗的途径是地面蒸发和作物蒸腾。前期作物植株小,叶面积小,蒸腾量少,以地面蒸发为主,植株长大后,蒸腾量大,由土壤中吸收的水分蒸腾到空气中,地面蒸发的水分也蒸腾到空气中,从而提高了空气湿度。

空气中的水汽通过温室的缝隙,室内干燥部分的吸收消耗一部分,水气与前屋面薄膜接触时,由于薄膜性质不同,水气的变化也不同:水气遇普通薄膜凝聚成水滴,不断滴落地面,不断凝聚;水气遇无滴膜则凝聚成水膜,顺屋面弧度流到前底脚地面。

冬季很少通风,温室封闭较严,水分散失少,温度较低,浇水量少,土壤深层水分不断通过毛细管上升而蒸发消耗,但是地表呈湿润状态,给人造成不缺水的错觉,但实际上土壤已经缺水,应注意及时补充水分。

日光温室土壤水分具有季节变化和日变化的规律:冬季温度低,作物生长量较少时通风量也小,水分消耗少,浇水后土壤湿度明显变大,持续时间也长;秋末、春初和初夏气温高,光照强,作物生长旺盛,蒸腾量大,通风时间长,风口大,水分消耗多。在一天中,水分的消耗量白天大于夜间,晴天大于阴天。

①空气湿度的变化规律 空气湿度是反映空气中水蒸气含量的多少,用相对湿度和绝对湿度来表示。绝对湿度是表示单位空气体积中所含水汽质量的多少,一般用克/米³作单位;空气湿度是空气中实际水气压与同温度下饱和水气压的百分比,生产上多用相对湿度表示。

日光温室空间小,气流比较稳定,温度较高,蒸腾量大,又是在密闭条件下,不容易与外界对流,所以空气相对湿度高是其特点。特别是在寒冷季节很少通风,即使是晴天夜间和早晨相对湿度也经常在90%以上,有时达到饱和或接近饱和状态,空气绝对湿度比外界高出5倍以上。这种高湿条件对很多种蔬菜的生育是不利的,并且容易引起病害的发生和蔓延。所以,日光温室蔬菜反季节栽培如何降低环境空气湿度是需要深入研究的问题。

日光温室在密闭条件下,空气相对湿度的变化有两个原因:一个是地面蒸发量的大小和作物蒸腾量的大小;另一个是温度的高低,蒸发量和蒸腾量大时,空气相对湿度就高。在日光温室中,空气中含水量相同,温度升高,空气相对湿度就降低。当每立方米空气中含水量为 8.3 克、气温为 8℃时,空气相对湿度为 100%;气温为 12℃时,空气相对湿度为 77.6%;气温为 16℃时,空气相对湿度为 61%。在空气中的水分得不到补充时,随着温度的升高,空气相对湿度随之下降。开始温度上升 1℃,空气相对湿度随之下降 5%~6%,以后下降 3%~4%。实际上随着温度的升高,地面蒸发,叶面蒸腾也在增强,空气水分也在补充,只是补充的量远远低于空气相对湿度下降的速度。

日光温室空气相对湿度的变化,因季节和天气的不同而异。从季节来看,低温季节变化幅度大;从天气来看,阴天空气相对湿度大,在一天中夜间空气相对湿度大。从管理上看,通风前空气相对湿度大;浇水后,特别漫灌后空气相对湿度也大。

②空气相对湿度的测定　测定日光温室的空气相对湿度常用的是干湿表,由两支温度表和一个供水器构成。其中一支温度表测量气温,另一支温度表的感应部分用纱布包起来,通过纱布吸收供水器内的水分,输送到表的球部,测量由于水分蒸发冷却而下降的温度。其原理是:当空气中水汽未饱和时,湿球表面的水分就要蒸发,带走热量,而造成湿球表面及其附近的空气降温;空气干燥时,蒸发强度大,降温就明显,就造成湿球和干球的差距,用此差距数从表上可以查出空气相对湿度。

使用干湿表必须保持湿球充分湿润,供水器应用无离子的水,不含无机盐,否则将影响蒸发速度,使湿球示度不准确。

(2)日光温室的湿度调节　日光温室栽培茄子,不论高温高湿或低温高湿,对茄子的生长发育都是不利的,高湿容易引起侵染性病害,也容易发生生理障碍。但是相对湿度过低对茄子的生长发育也不利。只有适宜的相对湿度,才能满足茄子生长发育的需要。

可见调节空气相对湿度是茄子生长发育的需要,也是茄子反季节栽培的一项重要技术措施。

①调节空气相对湿度 冬季外界气温很低,通风排湿比较困难。如不通风,室内空气相对湿度太大;如通风又会降低气温,因此最好采用通风筒通风排湿。通风筒高50厘米,用聚氯乙烯薄膜烙合成筒,上口直径20厘米,下口直径30厘米,上口卷入铁丝,中间用细铁丝拉成十字。

通风筒设在温室前屋面靠屋脊处两根拱杆之间,相距10米左右安1个通风筒,垂直黏合在薄膜上,切除下口屋面薄膜。在两根拱杆上绑一条塑料绳,通风时用1根短竹竿上端顶在十字上,下端立在塑料绳上,支起通风筒,闭合时撤下竹竿,将通风筒扭放在屋面上(图38)。

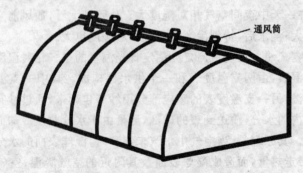

通风筒

图38 日光温室通风筒示意图

进入春季,外温升高后,通风排湿可在围裙上扒缝进行。此外,地面覆盖地膜也是降低空气相对湿度的一种有效措施。

②调节土壤湿度 日光温室调节土壤湿度的方法是人工灌溉。常用的方法有两种:一种是地面灌溉,另一种是滴灌。地面灌溉,必然增加空气相对湿度,在冬季很少通风的情况下,对作物生育不利,应该用地膜覆盖,在膜下暗沟灌水。不论采用哪种灌溉方

法,都应该选在坏天气刚过去,好天气刚开始时进行。冬季栽培茄子最怕刚灌水就遇到灾害性天气而严重影响茄子正常生长发育。所以,增大土壤湿度的方法最好是实行滴灌,实行滴灌也应注意天气预报,防止灌水后遇到坏天气。

进入春季以后,温度高,光照强,通风量大,土壤水分蒸发快,茄子生长旺盛,需水量增加,应注意加大灌水量。

4. 气体条件及调控　日光温室在寒冷季节很少通风,室内的空气组成与外界有很大的差别,对茄子的生长发育有较大的影响。另外,由于肥料分解及其他原因,出现有害气体现象也时有发生。日光温室的气体主要有二氧化碳和一些有害气体,应注意加以调控。

(1)二氧化碳　自然界大气中二氧化碳的含量为 0.032%,这种浓度不能满足多种作物进行光合作用的需要,但光合作用都在正常进行,其原因是空气是流动的,作物的叶片周围源源不断补充二氧化碳。日光温室在冬季很少通风的情况下,二氧化碳不能由大气中补充,主要靠土壤中的有机质分解和作物的有氧呼吸,因此二氧化碳的浓度往往满足不了作物光合作用的需要,将影响作物的正常生长发育。

日光温室夜间是二氧化碳的集聚过程,因为放下草苫后,作物已不进行光合作用,作物呼吸作用呼出二氧化碳,加之土壤释放二氧化碳,早晨卷起草苫前二氧化碳浓度最高,有时甚至超过0.15%。卷起草苫后,随着光照的增强,温度的升高,光合作用旺盛进行,二氧化碳浓度很快下降,在不通风的情况下,二氧化碳得不到补充,作物光合作用就要受到影响。特别是土壤有机质含量低(即使施有机肥较多,但由于覆盖地膜,影响了二氧化碳的释放),二氧化碳更显不足,所以人工施用二氧化碳是必要的,这是一项有效的增产技术措施。

大量研究证明,如果温室内二氧化碳浓度提高到大气中二氧化碳浓度的 3~5 倍,对多种园艺作物的光合作用是有利的。

人工施用二氧化碳的方法很多,可施用纯净的二氧化碳,也可采用化学反应法产生二氧化碳的方法。纯净的二氧化碳有干冰和液态二氧化碳,因成本高,多作为试验研究应用,生产上很少使用。在日光温室反季节蔬菜栽培上,普遍采用化学反应法,即用硫酸与碳酸氢铵反应,除了产生二氧化碳外,最终产物是硫酸铵。首先要稀释硫酸,在耐酸的缸、盆或桶中装上适量清水,将浓硫酸(96%~98%)按水量的1/7缓慢地沿容器边缘注入水中,边注入边用木棍搅拌,1次稀释可供3~5天用量。需要特别注意的是,不能将清水往硫酸中注入,以免硫酸飞溅伤人。二氧化碳是较重的气体,盛装在容器应悬挂在离地面1米高的地方,每667平方米的温室需要10~20个点,每个点装入稀释的硫酸并加入150克左右的碳酸氢铵,在每天卷起草苫30分钟后进行反应。所需硫酸和碳酸氢铵见表23。其反应方程如下:

$$2NH_4HCO_2 + H_2SO_4 \rightarrow (NH_4)_2SO_4 + 2H_2O + 2CO_2$$

表23　硫酸与碳酸氢铵投料表

设定浓度 (%)	需要二氧化碳		反应物投放量(千克)	
	重　量	体　积	96%硫酸	碳酸氢铵
0.05	0.3929	0.2	0.4554	0.7054
0.08	0.9821	0.5	1.1384	1.7634
0.1	1.3751	0.7	1.5938	2.4688
0.12	1.7079	0.9	2.0491	3.1741
0.15	2.3571	1.2	2.7321	4.2321
0.2	3.3393	1.7	3.8705	5.9955
0.25	4.3214	2.2	5.0089	7.7589
0.3	5.0336	2.7	6.1473	9.5223

注:原有二氧化碳浓度以0.03%计,设定浓度减去0.03%

20 世纪 90 年代以来,日光温室冬季生产,人工施用二氧化碳,采用化学反应法已经普及,各地市场上都有二氧化碳发生器出售,将稀释的浓硫酸和碳酸氢铵按比例放入发生器中,打开开关即可施放,用带孔的细塑料管,吊在温室前屋面骨架上,可均匀释放到空气中,既方便又实用。

随着日光温室二氧化碳应用的普及,各地都有成品二氧化碳生产,市场上已有片状、颗粒状和粉状的二氧化碳出售。使用时按产品说明书施用,非常方便。

(2)有害气体　日光温室最容易发生的有害气体有氨、二氧化氮、二氧化硫和乙烯等。

①氨　在温室密闭的条件下,空气中氨的浓度达到 5 微升/升时,茄子就要受害。主要危害叶片,最初叶片像被开水烫过,干燥后变褐色。氨气的发生是由施肥不当引起的。在地面撒施碳酸氢铵、尿素不及时浇水也能释放氨气。

②二氧化氮(亚硝酸气体)　温室内二氧化氮的浓度达到 2 微升/升时,茄子植株会受害。二氧化氮的发生是土壤酸化造成的。施入土壤中的氮素肥料,要经过有机态氮－铵态氮－亚硝酸态氮－硝酸态氮的转化,最终以硝态氮供作物吸收。日光温室生产蔬菜,如果大量施用氮肥,首先是转化过程中形成大量硝酸使土壤酸化,再大量施用氮肥就会使硝酸转化继续进行,必然在土壤中出现硝酸的积累。在土壤强酸条件下,亚硝酸不稳定而发生气化散发到空气中,土壤中铵态氮越多,亚硝酸气体也越多。

在亚硝酸气体(二氧化氮)从作物气孔侵入叶肉组织,开始气孔周围组织受害,进一步扩散到海绵组织和栅栏组织,最后叶绿素被破坏而初期出现褪绿,呈现白色斑点或斑块,严重时叶脉变成白色而枯死。空气中亚硝酸气体达到 2 微升/升时茄子和番茄、辣椒就要受害。

③二氧化硫　在温室中二氧化硫的浓度达到 0.5～2 微升/

升,就会对茄子造成危害。受害的叶片变白。二氧化硫的产生,主要在补助加温时燃烧煤炭或液化气中含硫造成的。有时用硫磺粉熏蒸消毒也会产生二氧化硫危害。

④乙烯 日光温室前屋面覆盖塑料薄膜后,在密闭的情况下会释放出乙烯气体,如果覆盖薄膜后,不经过几天通风就栽苗,秧苗就会受害。空气中乙烯浓度达到0.1微升/升时茄子就会受害,首先叶片下垂、弯曲,进而褪绿,长久时枯死。所以,日光温室应提前覆盖薄膜,经过几天通风,确认室内已经没有乙烯气体再栽苗。

5. 土壤营养条件及调节

(1)温室土壤的特点 日光温室的土壤与露地不同,因生产投资大,为了获得高产不惜多施粪肥,又是在覆盖条件下生产,不受雨水淋溶,所以土壤盐类积累是不可避免的。土壤盐分运动是土壤水分活动影响的。露地栽培蔬菜施肥量较少,又常受雨水淋溶,不存在积盐问题;日光温室生产蔬菜施肥量大,温度较高,又不受雨水淋溶,在土壤水分蒸发过程中,水分带着盐分通过毛细管升到地表,水分蒸发后,盐分被遗留在土壤表层,造成大量积盐。露地栽培时,土壤溶液浓度一般在3 000毫克/升左右,日光温室中土壤溶液浓度多在7 000~8 000毫克/升,甚至超过10 000毫克/升。

土壤积盐造成作物根系吸水困难。作物吸水是靠根的渗透压实现的,根渗透压高于土壤溶液的渗透压时,作物才能顺利吸水,土壤溶液浓度的渗透压与根的渗透压接近时,吸水能力就明显减弱,当吸收的水分不能满足茎叶消耗时,就表现出缺水现象。如果土壤溶液浓度过高,渗透压超过根渗透压,作物体内的水分就要反渗透到土壤中,作物就要死亡。

在日光温室蔬菜生产中,有时发现植株表现缺水现象,而土壤并不干旱,其原因就是土壤盐类积累所致。

土壤溶液浓度过高时,铵态氮向硝态氮转化受到影响,导致铵在土壤中积累起来,作物被动吸收铵态氮,则表现为叶色深绿或卷叶,生长发育不良,并阻碍对钙的吸收,表现出缺钙症状。

(2)日光温室土壤的管理

①土壤培肥　日光温室是在小面积控制条件下进行生产的,选择优质疏松土壤固然必要,即使土质较差,进行改良也比较容易。增施有机肥,可改善土壤通透性,增加团粒结构。有机肥中不仅含有氮、磷、钾和多种微量元素,还有利于微生物的繁殖,分解有机物,提高土壤缓冲能力。

②土壤除盐　日光温室土壤出现积盐危害再消除是比较困难的,应在发生危害之前降低土壤溶液浓度。一般利用夏季休闲期,撤掉前屋面薄膜,经伏雨自然淋溶或大量灌水排盐。

另外在休闲期种植吸肥力强的禾本科作物,如种玉米,由于玉米生长过程中把土壤中可溶性无机态氮变成植物体内不溶于水的有机态氮,从而降低了土壤盐分浓度。将玉米割青铡碎翻入土中,由于这些植物体含碳较多,在分解过程中,土壤微生物还要从土壤中夺取可溶性氮,也有利于降低盐类浓度。

(3)温室土壤施肥　日光温室比露地施肥量多,并且需要有机肥为主。尽量不施化肥,或在必要时追施少量化肥。有机肥料含有丰富的有机质和作物所需的多种营养元素,是一种完全肥料,对改良土壤、培肥地力和无公害蔬菜生产具有独特的作用。有机肥具有如下主要特点:一是肥料养分齐全,许多养分可以被蔬菜作物直接吸收利用。二是能改善土壤的结构和理化性能,提高土壤的缓冲能力和保肥供肥能力。可增加土壤的通气性和透水性,从而改善土壤的水、肥、气、热状况。三是有机肥在土壤中能形成腐殖质,不仅可以直接营养植物,而且其胶体能和多种金属离子形成水溶性和非水溶性的结合物或螯合物,对微生物的有效性有控制作用。四是有机肥的营养是缓慢释放出来的,肥效持续时间长,不容易发生浓度障碍。五是在日光温室封闭或半封闭状态下,有机肥在分解过程中释放出大量二氧化碳,成为供给光合作用原料的重要来源。另外,有机肥可提高冬季栽培作物产量是十分重要的。六是有机肥和化肥氮、磷、钾的含量相同时,有机肥可以大大降低蔬菜产品中的硝酸盐含量。七是增施有机肥可提高蔬菜产品中维生素C、还原糖、矿物质的含量,改善品质。长期施用有机肥,可提高植株的抗逆性、抗病性,保持蔬菜作物的丰产稳产。八是增施有机肥可明显改善土壤理化性状,增加土壤环境容量,提高土壤还原能力,从而可以使铜、镉、铅等重金属在土壤中呈固定状态,使蔬菜对这些重金属的吸收量也相应地减少。有机肥的养分含量见表24。

表24　各种有机肥养分含量表

肥料名称	养分含量(%)			
	有机质	氮	磷	钾
人粪尿	10	0.57	0.13	0.27
猪　粪	15	0.56	0.4	0.44
马　粪	21	0.58	0.3	0.24
牛栏粪	20.3	0.34	0.16	0.4
鸡　粪	25.5	1.63	1.54	0.85
羊圈粪	31.8	0.83	0.23	0.67
大豆饼	—	7	1.32	2.13
芝麻饼	—	5	2	11.9
生骨粉	—	4.05	22.8	—
堆　肥	1.5~2	0.4~0.5	0.18~0.26	0.45~0.7
土　粪	—	0.12~0.58	0.12~0.68	0.12~0.53

6. 灾害性天气及对策　日光温室生产蔬菜属于反季节栽培,以冬季为主。在北方即使冬季晴天多,日照百分率高的地区,也难

免天气反常,有时出现灾害性天气,如大风天气、暴风雪天气、寒流强降温天气、连续低温寡照天气和久阴骤晴天气。遇到灾害性天气,不及时采取措施,就要遭受损失。

(1)大风天气　冬季早春有时出现 6～7 级大风,阵风超过 8 级,夜间容易将草吹得移动位置,而使室温下降,不及时处理就要出现冻害,所以大风天气夜间要注意观察。白天出现大风,一斜一立式温室和前屋面弧度较小的半拱形温室,由于室内外空气压强差,而使屋面薄膜鼓起落下摔打,严重时挣断压膜线,薄膜上天。应及时压牢或放下部分草苫压住。

(2)暴风雪天气　北方冬季有时出现暴风雪天气,雪很大,又刮大北风,不断将雪花吹落在前屋面上,雪越积越厚,暴风雪时间特别长,积雪堆得特别高,最后将温室前屋面压塌,造成严重损失的情况,在北方曾经不止一次发生过。遇到这种情况就要用刮雪板及时将前屋面上的雪刮下来,不让积雪过厚,才能避免造成损失。

(3)寒流强降温　在冬季有时会出现寒流强降温,气温突然降到 10℃以下。在日光温室采光设计科学、保温措施有力的条件下,在晴天出现寒流强降温影响不大,因为原来室内气温较高,土壤蓄热也多,即使出现 1～2 天低温也能适应。但阴雪天后,室内温度已经很低,再遇到寒流强降温,就要发生低温冷害,甚至冻害。有补助加温设备的,就要进行加温。没有补助加温设备的,栽培矮株蔬菜的温室可扣小拱棚保温。

(4)连续低温寡照天气　在低纬度地区,冬季早春有时连续阴天,但是温度不是很低。如果覆盖草苫始终不卷起,不仅光合作用不能进行,而且由于热能来源断绝,室内温度降至最低临界温度以下,必然导致作物栽培失败。因此,日光温室遇到阴天,只要温度不是很低,就要卷起草苫。因为阴天仍有散射光,有时在栽培作物的补偿点以上,况且连续阴天有时也出现太阳,切忌怕麻烦就不卷草苫,因为散射光也能进行光合作用,气温也会有一定程度的升高。

在日照百分率低的地区,日光温室后部栽培畦北侧张挂反光幕,在一定程度上可增加光照强度而提高温室中的温度。

(5)久阴骤晴 北方日光温室冬季遇到连续阴天降雪,连着几天不能卷起草苫,室内气温下降,土壤中的蓄热用以补充气温,造成地温很低,此时一旦骤晴,卷起草苫后,由于天气晴朗,光照充足,气温上升较快,空气相对湿度急剧下降,作物地上部叶片蒸腾加快,由于地温低,靠根系吸水补充不上水分,叶片就会萎蔫,开始是临时萎蔫,如果得不到恢复,就会成为永久萎蔫而枯死。遇到这种情况,就要注意观察,当叶片出现萎蔫,立即将草苫放下,待叶片恢复后再卷起草苫,叶片又萎蔫时再放下,如此反复几次卷放草苫,每次放下草苫时间在缩短,最后卷起草苫不再萎蔫为止。

在叶片萎蔫比较严重时,可用喷雾器在卷起草苫后喷清水,效果较好,如果在喷清水中加入1%葡萄糖溶液,效果会更好。

进行日光温室蔬菜反季节栽培,在冬季容易出现连阴天的地区,在阴天到来之前应进行预防,加大昼夜温差,进行偏低温管理,控制浇水,以提高蔬菜作物的抗逆性。在灾害天气容易出现的阶段过去以后,再提高温度,加强肥水管理,促进生长发育。

四、新型内保温组装式温室

内保温组装式日光温室,是辽宁省农业职业技术学院教授蒋锦标、高级实验师姜兴盛等,经过10年试验后推出的新型日光温室。

(一)内保温组装式温室的研究背景

1990年,辽宁农业职业技术学院(熊岳农业高等专科学校)承办全国日光温室蔬菜栽培技术培训班,1990~1992年连续在暑假期间培训北方14省的蔬菜科技工作者和专业户。为了培训工作需要,在院内实习农场,建成各种类型的日光温室,包括半拱形、一斜一立式,琴弦式日光温室及电动卷帘机。这些温室在培训工作中起到了较好的作用,推动了日光温室的大发展。经过对引进的大型现代化温室和各地日光温室的考察,发现了不同温室的特点和存在问题。

1. 引进的大型现代化温室的特点　引进的大型现代化温室优点很多:自动化程度高,温、光、水、肥、气等条件由电脑控制,可按栽培作物各生育阶段的需要自动调控,可按计划生产出高产、稳产的优质产品;生产环境优美,劳动强度轻,土地利用率高。但加温耗能多,加温费用高,按我国的蔬菜价位,生产蔬菜的产值不一定能够抵上加温费。此外,该温室造价高,我国以家庭承包经营为主的小生产模式很难建造这样的温室。

2. 日光温室的特点　造价低,农民自己就能建造,与引进的现代化温室比较,虽然很土气,但是不需要加温,冬季可生产喜温蔬菜,经济效益和社会效益显著。但是竹木结构的土墙土后屋面的温室每年维修既麻烦又费工,钢管骨架无柱永久式温室造价较高。

日光温室的成功经验在于采光设计和保温设计比较科学,但是在保温措施方面,关键是前屋面覆盖草苫外保温,从 20 世纪 30 年代兴起的日光温室就应用,到现在已经 80 年之久。其保温效果固然很好,但是卷放草苫不但费工,需要时间也较长,每天早晨太阳升起后卷起草苫,需要卷起后室内气温不下降时才能进行,等卷完草苫已经浪费了太阳辐射能,午后需要提早放草苫(20 世纪 90 年代后应用卷帘机做到了及时卷放草苫)。每天卷放草苫遗落草屑污染前屋面薄膜,清洁薄膜既费工又麻烦。遇到雨雪天气,特别是先雨后雪天气,草苫湿透再冻结,卷放困难,又降低保温效果。前屋面覆盖草苫始终存在火灾隐患,在晴天,草苫干燥时最容易燃烧。日光温室草苫失火的情况各地都有过发生,造成很大损失。日光温室最大的缺点是土地利用率低,这对于我国人均占有耕地面积较少的国情,是应该克服的缺点。另外,随着经济社会的发展,科学技术的进步,日光温室需要向钢管骨架无柱永久式发展,但其造价比较高。

3. 应对措施 根据对引进现代化温室和日光温室存在的问题的分析比较,新型日光温室的建造要达到以下条件:温室设计实用化,以满足季节园艺作物生产条件为原则,避免浪费及故意形象设计;温室设施工业化,以工业部件组装成型而提高效率,取代土木工程建造;保温材料现代化,以现代保温材料提高保温性能,取代原始保温材料,改外保温为内保温,从而降低成本,提高现代化程度。

(二)内保温组装式温室的建造

1. 规格结构 温室跨度 11 米,脊高 3.8 米,长 60 米。温室拱圆形屋面,不设硬式墙体。温室骨架用 V 形槽钢,具有支撑和压膜双重功能,可使屋面覆盖的薄膜平整,与骨架紧密吻合,压膜线压在 V 形槽的槽内,不但压得紧,还有利于采光和流滴。温室采用部件组装架构,其部件完全由工业流水线生产,提高生产效率,安装方便,节省时间。

2. 建造施工 在北纬 40°及其以北地区,内保温组装式温室,可采取东西延长;在北纬 39°及其以南地区可采取南北延长。每栋温室面积为 667 平方米,全部温室骨架,从 V 形槽钢到复合梁各种部件,小到螺丝都要配套。为满足专业生产需要,可一次送到现场,按说明书组装。不需要建造后墙,也没有后屋面,比传统日光温室既省建材又省工。

(三)内保温的设计与实践

传统日光温室利用草苫外保温,从 19 世纪 90 年代以来,不断改进,如应用电动卷帘机卷放和草苫包防雨膜,克服了遗落碎屑污染薄膜和遭受雨雪潮湿和冻结的缺点,但是草苫寿命短、使用费工和火灾隐患问题无法解决,只有利用轻型覆盖材料进行内保温,才是彻底解决问题的途径。

1. 内保温的设计 日光温室内保温的设计包括两部分:一部分是新型温室的内保温,另一部分是改传统日光温室的外保温为内保温。

两种不同类型的温室应用的保温被相同,保温被由钢管作滑道拱杆放在拱杆上,距屋面薄膜20厘米左右;两者不同之处是新型温室保温被白天集中到中间屋顶部,夜间拉开覆盖满温室屋面。传统温室保温被白天集中在后屋面下,夜间放到前底脚处,覆盖满前屋面。

保温被的开闭系统采用手动装置,由滑轮、输出轴、减速机串联绳索传动系统和挂被系统组成。开闭时间用单手操作只需3～4分钟。传统日光温室改外保温为内保温,需要拱杆滑道用材少,保温被的面积也小,比新型温室可节省投资。

2. 保温被的筛选 温室内保温应用的保温被,必须是不产生有害气体的化纤材料,同时要求保温性能好,轻质,使用年限长等特点。

经过10年的试验研究和生产实践,利用高分子感光复合材料组合成为腔囊(空心)保温被。这种保温被具有封闭性、反射性和不流动空气的隔热性,克服了温室热能贯流放热或透射放热的缺点,提高了保温性能。

内保温组装式日光温室是省级研究项目,已经取得了两项国家专利,具有自主知识产权。该温室从建造材料的部件到保温被,及其开闭装置,全部由定点工厂工业流水线生产。

(四)日光温室内保温的优点

新型内保温组装式温室,以传统日光温室为对照,进行生产试验,测试结果表明,保温效果与覆盖草苫(草苫5厘米厚,卷帘机卷放)作物生长势无明显区别。它除了彻底克服覆盖草苫的缺点外,内保温还有以下优点:①腔囊保温被材质轻,收放轻便迅速,可增加见光时间,减轻温室骨架负荷。②保温被与屋面薄膜保持20厘米左右的距离,不仅薄膜不受磨损,而且更有利于减少贯流放热,提高保温效果。③保温被夜间覆盖,白天收起,既不受日晒和风吹雨淋,也不受紫外线影响,不容易老化,使用年限长。节省了覆盖草苫应用电动卷帘机的投资,内保温的成本比外保温低。④内保温降低了火灾隐患。日光温室利用草苫外保温,从覆盖上草苫后,由于草苫和前屋面覆盖的塑料薄膜都是易燃物。除了雨雪天气外,无时不在担心火灾。内保温被与屋面薄膜之间有20厘米左右的间距,使屋面覆盖的薄膜内外形成了大温差,薄膜内表面夜间始终有露或霜,保温被距屋面的一面也呈潮湿状态,可防止火灾发生。⑤传统日光温室改外保温为内保温,已经具备有利条件。因为近年新发展的日光温室都是钢管骨架无柱温室。日光温室只需要对前屋面进行保温,由于其空间比较小,需要滑道材料少,保温被面积小,比新型内保温组装式温室可降低造价1/5左右。

新型内保温组装式温室见图39。

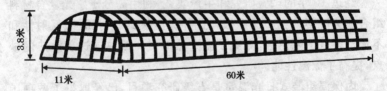

3.8米

11米　　　　60米

图39　新型内保温组装式温室示意图

第三章　茄子周年栽培技术

一、茬口安排

(一)露地茄子栽培

1. 露地早熟茄子栽培　茄子起源于热带地区,是喜温蔬菜,怕冷忌霜,只能在无霜期内生长。其生育周期中幼苗期占时间较长,为了延长生长期,提早采收,延长结果期,提高产量,利用保护地设施育苗,幼苗期在苗床度过,培育长龄大苗,从定植到露地后,提早进入开花结果期,以达到延长结果多、产量高的目的。

茄子秧苗现大蕾以前在苗床生长,其生长环境条件与露地差异较大。因此,如何使茄子秧苗定植后能适应露地气候条件,是育苗技术的重要环节。只有在育成苗阶段进行大温差管理和低温炼苗,提高秧苗的抗逆性,使其具有耐低温和抗风能力,才能定植。

在北纬38°～42°地区,露地早熟茄子在终霜后定植,立秋前拔秧,种下茬秋菜。

2. 露地茄子晚熟栽培　也称常规栽培,属于最原始的栽培方式。在不利用任何保护设施的前提下进行生产,从育苗到定植都在露地气候条件完全适合茄子生育期时进行。终霜后在露地做畦育苗,刚现蕾时定植,在苗床管理上只需调节秧苗密度和水肥条件,没有通风和炼苗环节。晚熟茄子的本田,生产一茬耐寒蔬菜后再定植茄子,可提高土地利用率,增加产值,提高经济效益。

露地晚熟茄子到了采收盛期,露地早熟茄子已接近生产结束,早熟茄子拔秧后,整个秋季至露地出现霜冻,靠晚熟茄子供应市场。

(二)地膜、小拱棚茬口安排

1. 地膜覆盖茄子栽培 地膜覆盖茄子栽培有两种覆盖方式:一种是地面覆盖。直接将地膜覆盖在茄子垄上,地上部没有保护条件,容易受春季大风和干燥空气的影响。定植前必须经过严格的秧苗锻炼,使秧苗具有耐低温和抗风的能力,并且需要终霜后定植,先覆盖薄膜后定植。另一种是改良地膜茄子,不论高低埂畦或近地面地膜小拱棚覆盖,都要先栽苗后覆盖地膜,可在终霜前7~10天定植。在地膜的保护下,即使出现轻霜也不至于受害,可早缓快发,比露地早熟栽培采收期提早。

2. 小拱棚短期覆盖栽培 属于露地早熟栽培范畴。定植初期小拱棚内具有温度高、湿度大、不受风害等优越条件,使茄子秧苗缓苗快,生长迅速,可达到提早采收、获得差价效益的目的。为此,小拱棚茄子需要培育长龄大苗,在棚内5厘米深地温稳定通过12℃以上时(在露地终霜前15天左右)定植。从定植期向前推80~90天育苗。

小拱棚先扣一茬耐寒叶菜类蔬菜,在耐寒叶菜需要撤下小拱棚时,正好转扣到茄子上,从而提高小拱棚利用率,降低生产成本。小拱棚茄子经过通风锻炼,待到外界温度适合茄子生育时拆除小拱棚,转为露地栽培。

(三)塑料大、中棚茬口安排

北方塑料大棚面积普遍为667平方米,北方塑料中棚与南方的大棚相似,南方也有面积超过500平方米的大棚。不论北方或南方,大、中棚栽培茄子都是春提早、秋延后栽培,不能进行越冬栽培。北方利用日光温室可以进行茄子反季节栽培,南方大、中棚多重覆盖(地面覆盖地膜,上面扣小拱棚,遇到寒流小拱上覆盖农用无纺布),可进行茄子越冬栽培。

1. 塑料大、中棚春提早茄子栽培　塑料大、中棚春提早茄子栽培的定植期比日光温室早春茬茄子定植期晚 50 多天,而拉秧期基本一致,都需要倒地定植下茬蔬菜,所以应尽量提早扣棚烤地,提早定植期。

大、中棚春提早栽培的定植期,由于地理纬度不同,春季低温回升的快慢不同,确定茄子定植期应以棚内的低温为根据。因为茄子对温度要求比较严格,需要 5 厘米深地温稳定通过 12℃以上,外界气温稳定通过 3℃以上时才可定植。

中棚空间较小,热容量小,受外界温度变化影响大,定植期比大棚晚几天。但是中棚面积小,可覆盖草苫进行外保温,定植期可比一般大棚提早 7～10 天。

2. 塑料大、中棚秋延后栽培　这种栽培方式非常普遍,夏季育苗初秋定植,从深秋到春节不断采收上市,产量较高,供应期比较长,经济效益和社会效益明显。

3. 塑料大、中棚多重覆盖越冬栽培　长江以南没有日光温室,利用面积较大大棚栽培冬春茬茄子,棚内覆盖地膜,扣小拱棚,夜间在小拱棚上覆盖农用无纺布或草,可起到北方日光温室的作用。

(四)日光温室茬口安排

1. 日光温室冬春茬茄子栽培　深秋播种育苗,初冬过后定植,立春前开始采收,7 月上旬采收结束拔秧,生育期躲在冬季和早春,属于反季节栽培,是茄子栽培难度较大、技术性最强的一茬。一般在 9 月中旬育苗,11 月下旬定植,春节前开始采收。

茄子对温度和光照条件要求比较严格,不是所有日光温室都能进行反季节栽培。在北纬 40°以北地区的辽宁省台安县(41°)日光温室冬春茬茄子面积超过 150 公顷。台安县的日光温室不但采光设计科学,保温措施也有力,夜间覆盖 5 厘米厚的草苫,在草苫下加盖6～8层牛皮纸被。高垄覆盖地膜,遇到寒流扣小拱棚,小拱棚再覆盖防水纸被。

2.日光温室早春茬茄子栽培 该茬茄子育苗阶段处在温度较低、日照最弱、日照时间最短的冬季,立春以后定植。定植后气温逐渐回升,光照度不断增加,日光温室的温光条件从基本满足茄子生育逐渐向最适方向发展。早春茬茄子的生长期比较短,所以需要培育长龄大苗,这样定植后很快进入结果期,充分利用日光温室春季温光条件适合茄子生长发育的有利时机,加强肥水管理,争取在有限的时间内提高采收频率,增加产量。

3.日光温室秋冬茬茄子栽培 该茬茄子夏季育苗,秋季定植,深秋至冬季采收产品,上市期正处在露地茄子已经结束与日光温室秋冬茬茄子衔接的茬口。

日光温室秋冬茬茄子于6月下旬至7月上旬播种育苗,8月下旬定植,9月下旬开始采收。日光温室的温光条件优越,可以连续采收到新年以后,与日光温室早春茬喜温蔬菜衔接。

二、品种选择及种子用量

(一)品种选择

1.根据生产茬口选择品种 露地早熟栽培、露地常规栽培的茄子对品种的要求也不相同,早熟栽培以早上市和前期产量为主,需要早熟品种;晚熟栽培(常规栽培)的茄子需要中晚熟高产品种。地膜覆盖和小拱棚短期覆盖需要早熟品种。日光温室冬春茬茄子和秋冬茬茄子需要中晚熟高产品种;大、中棚早春茬茄子和日光温室早春茬茄子需要早熟品种,大、中棚茄子需要中晚熟高产品种。茄子生产通过各种保护地和露地配套、各种茬口衔接实现周年生产均衡供应。

2. 根据消费习惯选择品种　我国茄子类型品种很多,各地消费习惯不同,京津一带喜欢紫圆茄,南方很多地区喜欢紫长茄,有些地区喜欢绿茄和白茄,也有的地区市场上白茄、绿茄和紫茄都能销售。在选择品种时,首先要根据市场需要,选择市场吞吐量最大的品种。

3. 选择品种要兼顾品种的抗病性、产量和品质　作为茄子无公害生产,要首先考虑产品农药残毒不超标,最好不用农药,或尽量少用农药,要选用抗病品种,而且必须是高产、稳产,品质优良,消费者欢迎的品种。

(二)种子的用量

茄子种子的用量是根据栽培面积、种子千粒重、种子净度、品种纯度和发芽率计算出种子使用价值、栽苗数和安全系数(一般按1.5~2)。

种子使用价值＝种子净度×品种纯度×种子发芽率。每克种子按200粒计算,种子净度为98％,品种纯度为98％,种子发芽率为95％,则667平方米的种子用量按下列公式计算:

667平方米用种量＝667平方米定植株数/每克种子数×种子使用价值×安全系数(1.5~2)

定植株数为3 000株,则3 000/182.5×(1.5~2)

安全系数按1.5计算为24.7克,按2计算为32.9克。考虑到需要有后备秧苗,安全系数用2比较适宜。

三、育　苗

(一)常规育苗

露地早熟栽培、地膜和小拱棚覆盖栽培、大中棚早春茬、日光温室早春茬都要利用设施育苗,在温床播种,冷床育成苗,称为常规育苗。

1. 种子处理 茄子种子难免有附着在种子表面及潜伏在种子内部的病原菌。在播种前消灭这些病原菌是防止幼苗发病措施之一。

(1)温汤浸种 用少量凉水将种子浸泡洗净后投入55℃温水中,用筷子向一个方向不停地搅拌,以保持种子受热均匀。保持55℃恒温15分钟,再继续在室温下浸种8～10小时。

为什么用55℃温水浸种15分钟呢?因为55℃是一般病原菌的致死温度,15分钟是病原菌致死温度下的致死时间。

(2)药剂浸种 用50%多菌灵可湿性粉剂1 000倍液浸种20分钟,或用10%磷酸三钠溶液浸种20分钟,或用0.2%高锰酸钾溶液浸种10分钟,或用福尔马林液闷种10分钟,药剂浸种后用清水洗净,再浸种催芽。

(3)浸种催芽 为使茄子播种后能出苗迅速整齐,生产上普遍采用催出小芽(种子刚露出胚根)再播种的方法。茄子催芽的方法很多,不论采用哪种方法,都是为了满足种子发芽所需要的水分、温度和氧气。

干燥的种子浸入水中1小时,吸收的水分约为干种子的28%,浸2小时达到38%,浸3小时达到46%,以后进入缓慢吸水状态,浸6小时达到55%左右,浸8小时达到饱和状态,即吸水量达到干种子的75%。

茄子发芽需要25℃～30℃的温度,2～3年的陈种经5～6天出芽整齐,新种子往往经过7天还不出芽,但是播到苗床后,只要苗床温度、水分适宜仍能出苗,其原因是新采收的种子种皮上有一种发芽抑制物质,这种抑制物质在种子贮藏一年以后逐渐消失,所以2～3年陈种子能正常发芽。新种子播到苗床后,种皮上的发芽抑制物质被土壤吸附,也能正常发芽出苗。

　　另外,采取变温催芽比恒温催芽效果好。白天 30℃ 处理 8 小时,夜间 20℃ 处理 16 小时的变温催芽,是符合茄子在没有利用温床育苗技术以前直播于露地的条件,长期以来茄子种子在土壤中经历白天温度高、夜间温度低的条件,已经适应了变温习性,所以变温催芽效果比恒温好。

　　催芽过程中不能缺少氧气,可将浸后的种子放在大碗或小盆中,上面盖上湿毛巾,或装入纱布口袋中,每天投洗几遍,或喷几遍水,保证水分,满足其对温度和氧气的要求。最好的方法是用清洁的细沙过筛后再用水投洗干净,以 5 倍于种子量的湿细沙与种子混合,装入盆中,每天颠动 2~3 遍,发现沙子发干时即补充水分,这样处理出芽最好,其原因是细沙不缺氧气,水分多了存不住,水少了立即表现出来,湿度便于控制。

　　根据茄子种子发芽的好暗性、在见光的条件下发芽慢的特点,在黑暗的条件下催芽但每天给予 5 分钟的见光时间,比完全在黑暗条件下催芽出芽好。

2. 播　种

　　(1)营养土的配制　营养土是播种床的床土,要求疏松通透、保水能力强、养分齐全,酸碱度适宜,无病菌,无虫卵和草籽。营养土用大田土、腐熟的有机肥和疏松物质(草炭、细河沙、细炉渣、炭化稻壳、锯末等)配制,其体积比例为:大田土 4 份,草炭或腐熟马粪 5 份,优质粪肥(如大粪干)1 份;或大田土 3 份,细炉渣 3 份,腐熟马粪或有机肥 4 份。配制后充分翻倒、混合均匀,并用粗筛子过筛。

　　(2)铺床土　利用电热温床播种,在床面上铺 10 厘米厚的床土。一般都铺 10 厘米厚的营养土,其实这是不可取的,既浪费营养土,对育苗也不是最有利的。根据笔者的经验,在温床上铺 7 厘米厚的黏重土壤,搂平踩实,上面再铺 3 厘米厚的营养土即可。因为在幼苗具有 3 片叶时要进行分苗(移植),如果铺 10 厘米厚的营养土,分苗时幼苗根系已经布满 10 厘米厚的床土,而移苗时用平锹从 3 厘米深处铲苗,不但伤根多,而且一部分根子只能扔在苗床。由此可见,分苗前有 3 厘米厚的营养土,即可完全满足幼苗生长需要,并且根系向下发展受阻,完全集中在 3 厘米范围内,分苗时根系密集,移栽时可带土坨栽苗,缓苗也快。

(3)播种的方法及密度 选坏天气已过去好天气刚开始时进行,先浇透播种水,使 10 厘米深的床土达到饱和状态,水渗下后,在床面上薄薄地撒一层营养土,然后将已催芽的种子均匀地撒播在床面上。播种的密度可按每粒有效种子占 3～4 平方厘米计算,即种子间距为 1.5～2 厘米。为了防止幼苗发生猝倒病,可覆土0.8～1 厘米(营养土)后再撒一层药土。药土的配制:每平方米苗床面积选用多菌灵、甲基硫菌灵、噁霉灵、氟菌灵等 8～10 克,与细土拌均匀。播完种后,床面铺地膜,为幼苗出土创造温暖、湿润的条件。

3. 苗期管理

(1)出苗期的管理 从播种到幼苗出土后两片子叶展开为出苗期,电热温床的温度控制在 25℃～30℃,浇足播种水,床面盖地膜保湿,无须浇水即可整齐出苗。当 70％小苗出土时撤掉地膜。

(2)小苗期的管理 从两片子叶展开到分苗为小苗期。小苗期光合能力弱,下胚轴容易伸长而形成徒长的高脚苗,还容易发生苗期病害。此期的管理重点是创造一个光照充足、地温适宜、湿度较小、温度较低,并且有一定的昼夜温差的环境条件。两片子叶展开后开始通风,白天保持 20℃～25℃,夜间保持 15℃～17℃,土温保持 18℃～20℃。尽量控制浇水,要保持床面不潮湿,小苗不徒长,也很少发生病害。

(3)分苗(移栽) 分苗是将小苗由播种床起出,按培养成带大花蕾的秧苗所需要的营养面积,移栽到移植床或容器中。分苗前一天苗床要浇透水,分苗时用平锹从播种床面 3 厘米深处带宿土将小苗铲出,带宿土栽到移植床或容器中。容器移栽后可直接摆在日光温室地面上,供给大、中棚早春茬茄子栽培、日光温室早春茬栽苗用。移植用的容器应选用直径 8 厘米的塑料钵,每钵栽一棵小苗,浇足分苗水。移植床分苗近年来已经很少应用阳畦和冷床,主要应用小拱棚,夜间棚面覆盖草苫保温。小拱棚宽 2 米、高1 米、长 6～8 米,整平畦面,铺 3 厘米厚过筛的优质有机肥,翻 10厘米深,耙碎土块,使粪土掺和均匀,搂平畦面,按行距 8 厘米开移植沟,用小壶向沟中浇水,按株距 8 厘米带宿土栽苗,栽完一行后将开沟取出的土填回,再开下一沟。苗床分苗应选晴天气温较高时进行,从小拱棚的北端开始栽苗,栽完一段立即插骨架盖上薄膜,栽满后覆盖薄膜密闭保温。

(4)成苗期管理　从分苗缓苗至定植前为成苗期。此期秧苗生长量最大,其生长量占苗期总量的 95%,其生长中心仍在根、茎和花器形成和大量的花芽分化。此期要求较高的日温、较低的夜温、充足的光照和适宜的肥水,避免秧苗徒长,促进花芽分化。

成苗期的管理要根据不同的分苗设施采取不同的管理方法。分苗在日光温室和分苗于小拱棚的,由于受外界气候条件的不同影响,其管理技术差异很大。

①日光温室育成苗　从播种开始在日光温室内设置电热温床进行,除了控制地温以外,小气候的调控可完全按主栽的喜温蔬菜进行。因育成的秧苗仍然定植在棚室内,环境条件变化不明显,只要适当控制水分,秧苗不徒长,定植后就能正常缓苗和生长发育。

为了扩大茄子苗的受光面积,可将营养钵摆放在光照条件最佳部位,随着秧苗的叶片增多可移动营养钵,加大株间距,使全株都能接受阳光。

②小拱棚育成苗　小拱棚空间小,热容量少,受外界气候的影响大,温度变化剧烈,夜间要覆盖草苫保温防寒。白天揭开草苫后,晴天随着太阳升高,棚内气温上升特别快,通风是重要的技术

环节。对两幅薄膜覆盖的小拱棚,可以在顶部支开菱形口通顶风,开始先通顶风,后期气温升高,靠通顶风棚内气温降不下来时,再从两侧通底风。

一般小拱棚覆盖的薄膜四周埋在土中,定植后先不通风,普通聚乙烯或聚氯乙烯薄膜内表面布满了水滴,小拱棚内湿度大,水滴又遮光,降低了透光率,即使温度较高,也不会烤伤秧苗。缓苗后棚内温度超过25℃时开始通风,先从两端通端风,午后降到20℃左右时闭风。经几天通端风后,再从背风的一侧支起几处风口顺风通风,过几天再从顶风的一侧支起几处风口进行顶口通风。经过通顶风,外温进一步升高,秧苗适应性已有所提高,从拱棚的两侧各支起几处风口通对流风。经过通对流风以后,秧苗已得到锻炼,已接近定植期,可选晴天的早晨进行大通风,将薄膜全部揭开,立即向秧苗上喷清水,防止叶片出现萎蔫,午后再将薄膜盖上。

经过大通风以后,夜间已不再覆盖草苫。定植前4～5天露地夜间已不再出现霜冻,但为防止出现反常气候,可暂不定植。为了提高秧苗的抗逆性,定植后能适应露地的环境条件,需进行几次通夜风,夜间不再覆盖薄膜。可在苗床内设置温度表,当气温降至5℃时,将草苫覆盖上(不盖薄膜),防止幼苗遭受冻害。通夜风是最有效的低温炼苗,是使茄子秧苗在定植前适应露地环境条件的技术措施,定植后不但缓苗快、发棵早,一旦遇到寒流,一般也不会受低温冷害。

(二)嫁接育苗

随着茄子反季节栽培面积的不断扩大,轮作倒茬的栽培制度在棚室生产中已经不能适应,茄子黄萎病、枯萎病、茎基腐病等土传病害发生严重,单靠药剂防治效果不明显,唯有嫁接换根是最有效的方法。目前茄子嫁接育苗在生产上已经普遍应用。

茄子嫁接育苗应选用野生茄子作砧木,由于砧木对土传病害免疫,同时由于其根系发达,吸收肥水能力强,植株生长旺盛,具有提高产量、增进品质和延长采收期的效果。

1. 砧木选择　茄子嫁接的砧木应具备嫁接亲和力、共生亲和力强,高抗或免疫茄子黄萎病、枯萎病,嫁接后产量品质提高等特点。生产上主要应用托鲁巴姆、刺茄和赤茄等砧木。

(1)赤茄　植株比较高,叶形似番茄,根系发达(根系长达1.5~2米),茎叶上均有刺,植株开张度大,直径达 0.8~1 米。果实小,呈算盘珠状,直径为 2~2.5 厘米,成熟果紫红色,果实含种子较多。该砧木与茄子嫁接亲和力强,对黄萎病免疫,但不抗枯萎病。

(2)刺茄　茎叶多,长而硬,根茎较细,直立性差,分枝不规则;枝条生长快,植株开张度大,茎叶生长茂盛;单叶互生,叶片卵圆形,边缘浅裂,结果稀疏,果实小,单果重 5 克,果实灰白色带绿色条斑,不能食用。种子黑色,千粒重 2 克,容易发芽。

(3)托鲁巴姆　植株生长势强,根系发达,节间长达 30 厘米,叶片大;茎和叶片上有少量刺,茎直立,结果初期木质化显著。单叶互生,叶片卵圆形,边缘有浅缺刻。植株松散,没有明显的分枝规律。果实极小,呈圆形,直径只有 1~1.5 厘米。果实含种子较多,种子黑褐色,千粒重约为 1 克。种子发芽比较困难,需进行催芽处理。

2. 嫁接的准备　嫁接前需培育砧木苗、接穗苗,准备好嫁接场地、嫁接工具和嫁接苗床。

(1)砧木苗培育　播种前晒种 2~3 天,以消灭附着于种子表面的病原菌。经过 55℃的温汤浸种后,用清水浸种 8~10 小时,种子吸足水后,再用 100 毫克/升赤霉素溶液浸泡 24~28 小时,洗净后在 30℃条件下催芽。种子发芽后,直接播入装有营养土的塑料钵中,塑料钵的直径为 8~10 厘米,每钵播 1 粒种子,浇足播种水,放在日光温室的地面上或电热温床中,当展开 4 片真叶时即可嫁接。

(2)接穗苗培育 选择好茄子品种播在日光温室内设置的电热温床,其种子消毒、浸种催芽、铺床土、播种的操作技术见常规育苗部分。幼苗的大小根据采用的嫁接方法不同而定,采用靠接方法的接穗苗与砧木苗茎的粗细要接近,并应同时播种;采用劈接法的接穗苗可适当比砧木晚播,接穗苗的茎比较细,便于嫁接。

(3)嫁接场地准备 用于茄子嫁接操作的场地,要求气温在20℃~25℃,空气相对湿度为80%,弱光,没有病原菌。要备好操作台、坐凳等用具。在日光温室中进行嫁接操作时,可用遮阳网遮光,操作场地周围可洒水,对地面和墙壁上喷布广谱杀菌剂进行消毒。

(4)嫁接工具准备 嫁接工具包括双面刀片、湿毛巾、嫁接夹(或薄膜条、曲别针)、水桶和喷壶等。旧嫁接夹使用前需进行消毒。

3. 嫁接方法 茄子嫁接常用靠接和劈接两种方法。

(1)**靠接** 砧木苗和接穗苗长到 3~4 片叶时,将砧木去掉生长点,在子叶下 1 厘米处向下斜切 40°角的切口,切口深度达到茎粗的 1/2;接穗在子叶下 1 厘米处向上斜切 30°角的切口,将接穗和砧木的接口互相插上,用嫁接夹固定。没有嫁接夹的可用薄膜条包住接口,用曲别针固定,嫁接后立即栽入营养钵中,浇足水,放入苗床或育苗畦中(图 40)。

(2)**劈接** 直播于营养钵的砧木,播种于温床的砧木苗,2 叶 1 心时移栽于营养钵中,当砧木苗长到 7~8 片叶时已达到半木质化程度,茎粗达到 0.5 厘米左右即可进行劈接。首先将砧木从 3~4 片叶处平切,再由中间向下垂直切 1 厘米深的口。接穗苗长到 5~6 片叶、茎粗达到 0.4~0.5 厘米时,在 4~5 片叶处平切,削成楔形,插入砧木切口中,用嫁接夹固定好放入苗床(图 41)。嫁接的前一天最好用 75%百菌清 600 倍液将砧木和接穗苗均匀喷布,嫁接要在露水散尽后进行。

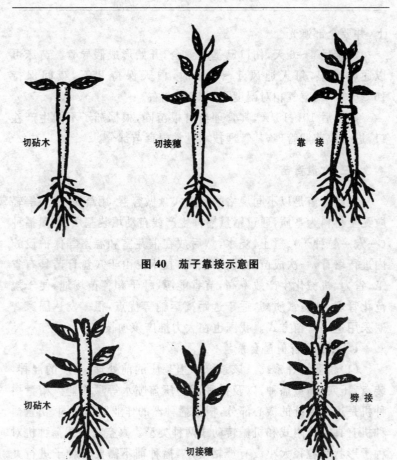

切砧木　　　　切接穗　　　　靠　接

图 40　茄子靠接示意图

切砧木　　　　　　　　　　　劈　接

切接穗

图 41　茄子劈接示意图

4. 嫁接后的管理　嫁接的头 3 天是愈伤组织的形成时期,也是嫁接苗成活的关键时期。白天保持 25℃～27℃,夜间保持 20℃～22℃。嫁接苗不论摆放在日光温室还是摆放在塑料大、中棚,都要浇足水,扣上小拱棚,保持棚内空气相对湿度达到 95% 以上,并要全部遮光。

嫁接后 4～6 天,伤口已基本愈合,开始形成假导管。苗床可以通风排湿,每天通风 1～2 小时,白天保持 25℃,夜间保持16℃～18℃,空气相对湿度降到 90% 左右。

嫁接后 10～15 天,其管理与自根苗同,根据茄子不同生产茬口,进行成苗期管理,其管理技术见常规育苗部分。

(三)穴盘育苗

穴盘育苗是以不同规格的专用穴盘做容器,用草炭、蛭石等轻质无土材料为基质,通过精量播种生产线自动填装基质、精量播种(一穴一粒种子)、覆土、浇水,然后放在催芽室和温室等保护设施内进行培育,一次成苗的现代化育苗技术。由于穴盘育苗具有省工、省力、机械化生产效率高,节省能源、种子和育苗场地,便于规范化管理,秧苗素质高,适于远距离运输等优点,很多发达国家普遍采用这一育苗方式。我国也在大力推广该项技术。

1. 穴盘育苗的配套系统

(1)精量播种系统 该系统承担基质的前处理,基质的混拌,装盘,压穴,精量播种,以及播种后的压盖喷水等项作业。精量播种机是这个系统的核心部分,根据播种器的作业原理不同,精量播种机有真空吸附式和机械转动式两种类型。真空吸附式播种机对种子形状和粒径大小没有严格要求,播种前不需要将种子进行丸粒化加工。而机械转动式播种机对种子粒径大小和形状要求比较严格,茄子种子播种前要加工成近于圆球形。目前国内多数育苗工厂采用人工播种。

(2)穴盘 国际上使用的穴盘外形大小多为 27.8 厘米×54.9厘米,面积为 1 527.22 平方厘米,根据孔穴数量和孔径大小不同,穴盘分为 50 孔、72 孔、128 孔、288 孔、392 孔和 512 孔。根据蔬菜的种类,所需苗的大小选择不同规格的穴盘。茄子育苗可选用 50

孔的育苗盘。按 667 平方米栽培面积计算,需 60 个穴盘,外加 10%的预备苗,再增加 6 个穴盘。

(3)育苗基质　穴盘育苗单株营养面积小,每个穴孔盛装的基质量很少,要育出优质商品苗,必须选用理化性质好的育苗基质。目前,国内外蔬菜育苗领域公认草炭、蛭石、珍珠岩、废菇料等是理想的育苗基质材料。草炭以灰藓草炭最理想,其 pH 值为 5.0～5.5,养分含量高,亲水性能好。

不同育苗季节,使用的基质也有区别,冬春育苗的基质配方为:蛭石：草炭=1：2,或平菇渣：草炭：蛭石=1：1：1。夏秋育苗的基质配方为草炭：蛭石：珍珠岩=1：1：1,或草炭：蛭石：珍珠岩=2：1：1。

(4)催芽室　在温室中设置一个密封、绝缘、保温性能好的小室。分为固定式与移动式两种,室内设置多层育苗盘架,以充分利用空间。

(5)育苗温室　穴盘育苗在催芽室出苗后要把育苗盘移到育苗温室进行绿化,完成秧苗生长发育过程,育苗温室需要满足茄子秧苗生长发育所需温度、湿度、光照等条件。目前,工厂化育苗温室装备有育苗架和加温、降温、排湿、补光、遮荫、营养液配制、输送、行走式营养液喷淋器等系统和设备。这种现代化的育苗温室符合工厂化蔬菜育苗的要求,是发展方向,但是造价高,耗能多,在黄河以北地区的育苗温室利用节能型日光温室或新型内保温组装式日光温室比较适宜。育苗用的日光温室应该有补助加温和补充光照设备,冬季最低气温不低于 12℃,需要覆盖无滴膜,夏季有遮荫设备。

2. 茄子穴盘育苗技术要点

(1)基质准备　草炭和蛭石的比例为 2：1,或草炭、蛭石和废菇料的比例为 1：1：1。覆盖一律用蛭石。50 孔的穴盘,1 000 盘需基质 5 立方米左右,每立方米基质中可加入三元复合肥(15：

15∶15)2.5千克,或尿素1千克、磷酸二氢钾1千克。也可加入腐熟过筛的有机肥2%。肥料与基质混拌均匀后转盘压实备用。

(2)播种　播前需检测种子发芽率,所用种子的发芽率必须达95%以上,进口包衣种子不必浸种催芽,可直接单粒播种于穴盘中。一般种子都要催芽后播种。播种后覆盖珍珠岩,喷透水,使基质含水量达到最大持水量的90%左右,从穴盘底部能滴出水。

(3)催芽　穴盘浇透水后移入催芽室催芽,催芽室温度控制在25℃～30℃。在催芽过程中,注意适当补充水分,防止种子落干和"戴帽"出苗。4～5天后,有60%以上种子出苗即可将穴盘移到育苗室绿化。

(4)肥水管理　苗出齐后适当降低基质含水量,以防止小苗徒长。通常从子叶展开至2叶1心时,基质水分含量为最大持水量的70%～75%;3叶1心至商品苗销售,水分含量为最大持水量的65%～70%。幼苗3叶1心后,结合喷水进行2～3次叶面喷肥。叶面肥可选用蔬菜育苗专用营养液。

穴盘育苗,由于基质通透性好,温、光、水、肥条件适宜,秧苗素质好。同时,由于秧苗根系发达,须根多,从盘中取苗可带出基质而不散坨。

(5)温光调节　进入育苗温室后,白天温度要高于25℃,夜间18℃～20℃。当温室夜温偏低时,需采用补助加温措施。秧苗2叶1心后夜温可降低至15℃左右,但是不能低于12℃;白天适当通风,以降低空气相对湿度。

育苗期间如果光照不足,可进行人工补光,以利于培养壮苗。补光的光源很多,需要根据补光的目的来选择。从降低育苗成本上考虑,一般选用荧光灯。补光灯的功率密度,根据温室的采光条件、当地的日照百分率和天气变化情况决定,每平方米为50～150瓦。

(6)补苗和分苗　一次成苗的茄子在第一片真叶展开时,应将缺苗孔补齐。用穴盘培育茄子砧木苗时,可先播在 288 孔苗盘内,待茄苗具 1～2 片真叶时再移至 72 孔苗盘内。

(7)嫁接　用穴盘育的茄苗,也可以进行嫁接换根。其嫁接方法和嫁接后的管理,可参照本章嫁接育苗部分介绍的做法。

(四)夏秋育苗

日光温室秋冬茬茄子的育苗正处在盛夏高温强光、昼夜温差小的季节,需要遮荫避雨育苗。由于秧苗生长快,无须移植,也可用容器移栽育苗。

1. 苗床设置　在靠近日光温室或大、中棚的通风良好地块,做 1.2～1.5 米宽的硬埂畦,畦长 6～8 米,整平畦面,铺 3 厘米厚过筛的腐熟优质有机肥,翻地 10 厘米深,打碎土块,使粪土掺和均匀,畦面上插 1.5～2 米宽、1 米高的小拱棚骨架,覆盖遮阳网或 24 目防虫网。

2. 播种　将茄子种子晾晒 4 小时,然后用 10％磷酸三钠溶液浸泡 15 分钟,以防止种子带毒,出水后洗净再用清水浸泡 8 小时,与相当于种子量 5 倍的清洁细沙(最好用河里捞出的细沙,过筛并投洗干净)拌匀,放在 30℃处催芽,待种子刚出芽时即可播种。已设置好的遮荫苗床,撤下遮阳网或防虫网,拔下骨架,畦内灌大水,使 10 厘米深床土达到最大持水量,水渗下后均匀撒播种子,种子间隔 4～5 厘米,覆盖营养土 1 厘米厚。播完种后插上小拱棚骨架,覆盖遮阳网或防虫网。

3. 苗期管理　播完种覆土后床面覆盖农用无纺布,以保墒防止高温。出苗后立即撤下覆盖的农用无纺布,浇水。

夏秋育苗时不但温度高,昼夜温差也小,秧苗生长快,还容易徒长,其水分管理应见干见湿,既要防止水分过多引起徒长,也要防止过分干旱诱发病毒病。浇水宜在傍晚进行,以加大昼夜温差。

夏秋育苗不移植,应在第一片真叶展开时进行一次间苗,拔除密集的苗。待出现 3 片真叶时进行第二次间苗,按 6～7 厘米株间距离留苗,拔出多余的苗。间苗时要留下生长势相同、大小一致的苗,拔除过弱、过强、太大太小的苗。间完苗要浇水,以后保持见干见湿。

育苗期要特别注意防治蚜虫,以免发生病毒病。当茄苗具有5～6 片叶即可定植。

(五)茄子育苗常见的问题及对策

1. 不出苗或出苗不齐 不催芽直播的茄子,播干种子或温汤烫种,未催出芽就播种,始终不见出苗,其原因是种子未成熟,或种子在贮藏中已发生霉变,或烫种时水温过高而烫伤种子所致。已催出小芽的种子出苗不整齐,多因为营养土中有未腐熟的有机肥,发酵时致使部分种子受伤的结果。播种后迟迟不出苗,是种子质量差、苗床温度低湿度大所致。此外,覆土薄厚不均匀也容易导致出苗不整齐。

茄子育苗必须选择成熟饱满、贮藏过程中未受不良条件影响的种子,并事先要测试发芽率,经试验可催出芽的种子播种。营养土中的有机肥必须充分腐熟,苗床的温度符合茄子出苗的要求。

2. "戴帽"出土 覆土的厚度不够,或薄厚不均匀,覆土过薄往往造成种皮不脱。茄子幼苗出土是在床土潮湿,种皮发软,又在表土的压力下,两片子叶从种壳挣脱出来,将种皮留在表土下。如果播种时覆土太薄,压力不够,加之床土干燥,种皮发硬,两片子叶的先端带着种皮直立,叫"戴帽"出土。发现"戴帽"出土时,应立即喷水使种皮变软,人工脱壳,对尚未出土部分再撒一层细土,以增加压力。

3. 沤根 幼苗不发新根,根呈锈色,幼苗极易从土中拔出,这种现象称为"沤根"。沤根主要是由于苗床的土壤温度长期低于12℃,加之浇水较多,或遇连阴天,光照不足,幼苗根系在低温、过湿、缺氧条件下发育不良,造成沤根。为防止幼苗沤根,播种水应一次浇足,出苗后适当控水,保持床土温度在 16℃以上。

(六)茄子秧苗质量的鉴别

茄子从播种到开花结果需要的时间较长,所以需要提早育苗,待秧苗现蕾后再定植。茄子定植后生长发育快慢,产量高低决定于秧苗素质。观察秧苗形态,即可鉴别秧苗质量,判断其生产力。

由于育苗时保护设施的环境不同和育苗技术水平的差异,育成的秧苗大体可分为壮苗、徒长苗和老化苗。

1. 壮苗　露地早熟茄子和棚室早春茬茄子需要适龄壮苗,从形态表现上看:两片子叶完好无损,大小适中;叶片较厚,颜色深而有光泽,叶脉明显,叶先端尖;茎较粗壮,上下粗细一致,节间较短;根系发达,须根多,根色白;已出现大蕾,并且花蕾下垂,含苞待放,这样的秧苗定植后缓苗快,发棵早,其苗期已经为丰产打下了基础。

2. 徒长苗　叶片较大,叶片薄、颜色浅,茎细长,叶先端钝,叶脉不明显,这样的秧苗称为徒长苗。徒长苗抗逆性差,定植后缓苗慢发棵晚,很难获得早熟高产。造成秧苗徒长的原因是光照不足,夜温偏高,昼夜温差小,水分过多和氮肥过多,更主要的是通风和低温炼苗不够。

3. 老化苗　又称僵苗、小老苗。老化苗茎细弱,发硬,叶片小且发暗,须根少、色发锈,节间短。这种秧苗定植后缓苗慢,发棵晚,开花结果延迟,结果期缩短,极容易早衰。造成老化苗的原因是苗床长期水分不足,或温度过低,或植物生长调节剂处理不当等。如果在育苗期间,特别在分苗后育成苗时,能提高床温保持适宜的水分,光照充足,不缺肥,一般不会出现老化苗。当发现老化苗的迹象时,除加强肥水,提高床温外,可用 10~30 毫克/升的赤霉素溶液喷雾,1 周后可见效。

四、定　植

(一)整地施基肥

茄子栽培的茬口较多,并各有特点,但对整地施基肥的要求基本是一致的。必须实行无公害蔬菜生产的施肥原则,以有机肥为主,辅以其他肥料;以多元复合肥为主,单元素肥料为辅;以施基肥为主,追肥为辅。要尽量限制化肥的施用,如确实需要,可以有限度有选择地施用部分化肥。必须根据茄子的需肥规律、土壤供肥情况和肥料效应,实行平衡施肥,最大限度地保持农田土壤养分平衡和土壤肥力的提高,减少肥料成分的流失对农产品和环境造成污染。首先清除田间杂草,整平地面,然后撒施农家肥,根据茬口不同和农家肥质量决定施用量每 667 平方米面积施用 5 000～10 000 千克,将其中 1/2 农家肥普遍施后深翻细耙,余下的 1/2 农家肥配合三元复合肥 25 千克、过磷酸钙 30 克集中沟施于定植行下。在田间生育期较短的茬口,可适当减少施肥量;生育期长的茬口,可多施农家肥。

1. 地膜覆盖和露地早熟栽培要整地施基肥

(1)地膜覆盖栽培施基肥　将全部基肥撒施深翻细耙,做高低埂畦;将 1/2 的基肥施于定植行下,合垄后便于近地面覆盖。

(2)露地早熟栽培整地施基肥　沟施 1/2 的基肥后覆盖地膜,一幅地膜覆盖两垄,地膜两边埋入土中。

2. 小拱棚短期覆盖栽培整地施基肥　基肥全部撒施于地面,深翻细耙,开定植沟。1 米宽的小拱棚开 2 条沟,2 米宽的小拱棚开 4 条沟。

3. 大、中棚和日光温室整地施基肥　大、中棚春茬茄子和日光温室冬春茬、早春茬茄子栽培的整地施基肥要求相同,须整平地面,撒施农家肥后深翻,按行距沟施 1/2 的基肥,然后定植。

4. 秋茬茄子整地施基肥 无论是露地晚熟茄子,还是大(中)棚秋茬茄子、多重覆盖茄子和日光温室秋冬茬茄子,其整地施基肥的要求是相同的,须整平地面,撒施农家肥,深翻细耙,挖好水沟,等待定植。

(二)露地早熟茄子定植

1. 定植期 露地早熟栽培茄子的定植,要根据当地的终霜期(历年晚霜出现日期的平均)茄子秧苗适应温度下限和秧苗的素质来决定。

在小拱棚育成苗,经过严格的低温炼苗的适龄壮苗在露地终霜后即可定植。如果秧苗抗逆性较差,应在终霜期后 3～5 天再定植。

2. 定植方法及密度 在覆盖地膜的垄上,按株距打孔。每667 平方米的栽培面积栽苗 3 000 株左右(行距 60 厘米,株距 38厘米)。先在垄上按 40 厘米株距打定植孔,然后往孔内灌水,在水渗下 1 厘米左右时将带宿土的秧苗放入孔中,用开孔时取出的土封严。

在定植前一天对苗床浇透水,使 10 厘米深的床土水分达到饱和状态。定植时割坨装平底土篮运到田间栽植。

(三)改良地膜覆盖茄子定植

1. 定植期 不论是高低埂畦,还是垄栽扣地膜小拱棚近地面覆盖,茄苗在地膜的保护下,可以避免轻霜的危害。根据当地的气候条件,可在终霜前 7～10 天定植。

2. 定植方法及密度 改良地膜覆盖茄子,先栽苗后盖地膜,不论是近地面扣地膜小拱棚,还是高低埂畦都要栽完苗后浇足定植水,盖好地膜,地膜边缘埋入土中踩实,防止被风吹开。按行距

60厘米、株距33～35厘米栽苗,每667平方米栽苗3 100～3 300株。

(四)小拱棚短期覆盖茄子定植

1. 定植时期　根据当地历年的晚霜出现日期,提前15天左右定植。

2. 定植方法及密度　小拱棚按行距50厘米开定植沟,按株距30厘米栽苗,每667平方米可栽苗4 400～4 500株。这种高密度栽培方式,是近年来推广的小拱棚短期覆盖栽培新技术,主要是提高早期产量,争取差价效益。定植后要浇足定植水,立即插上骨架,覆盖普通塑料薄膜,薄膜四周埋入土中踩实。

(五)大、中棚早春茬茄子定植

1. 定植时期　大、中棚茄子栽培全国各地都在进行,但定植期差异很大。大、中棚春茬茄子的定植期,要根据当地气候条件、终霜日期、大(中)棚的面积及保温性能、扣棚早晚、茄苗定植后能适应的最低温度界限等确定。南方的大棚面积比较小,有的相当于北方的中棚,但是外温不是很低,受棚外四周低地温的影响不大。北方春天土壤化冻较晚,大棚外四周受冻土层影响较大,所以大棚面积一般不少于667平方米。

提前扣上大、中棚烤地,棚内土壤完全解冻,地温已经升高,土壤贮热量较多时定植和刚扣上棚膜,没等土壤解冻就定植,保温效果明显有差异。在北方发展大棚初期,已经出现过在大棚中定植茄子后,出现寒流,同一地区有的大棚秧苗受冻害,有的没有冻害,其原因就是在扣棚早晚:早扣棚的土壤热容量多,当棚内气温下降时,土壤释放出热量进行补充;晚扣棚的下层土壤未解冻,不仅没有热量释放,而且土壤解冻还要向地表土壤吸热。

除了以上条件以外,还要根据秧苗素质决定定植的早晚,利用小拱棚育成苗的适龄壮苗,经过严格的低温炼苗,幼苗抗逆性,耐低温能力强,可适当早定植,在日光温室培育的秧苗,没有经过严格炼苗,应适当晚定植。

大棚应在棚内地温稳定通过 12℃,气温不再出现 0℃时定植。另外,大棚内扣中、小棚保温的可适当早定植。塑料中棚有外保温条件的,可以提早定植。总之大、中棚春茬茄子,在定植后不受冻害的前提下尽量争取提早定植,以实现提早采收,增加早期产量,获得差价效益。

2. 定植方法　大、中棚内空间比较大,整地和定植操作均在棚内进行。首先开沟栽苗,浇完定植水不封埯,缓苗后再松土培垄。可按 60 厘米大行距,40 厘米小行距开沟,按株行距 38~40厘米,每 667 平方米可栽苗 3 300~3 500 株。

(六)日光温室早春茬茄子定植

1. 定植时期　日光温室春茬茄子,只考虑市场的需求,不同茬口的衔接,不需要考虑过渡条件,在春节期日光温室上茬(秋冬茬)倒地后即可定植。

2. 定植方法,密度　日光温室早春茬茄子定植方法与大、中棚春茬茄子相同,行株也相同,但日光温室后屋面下靠后墙的道路和水沟,约占 60 厘米宽,减少了一定的栽培面积,并且日光温室的跨度越小,实际栽培面积也愈小。8 米跨度的温室,实际栽苗面积约为 617.2 平方米,7 米跨度温室实际栽苗面积约 609.86 平方米。如果温室跨度在 6 米,则实际栽培面积只剩下 600 平方米。

定植的方法、密度与大(中)棚相同,只是栽苗数减少。

(七)日光温室冬春茬茄子定植

1. 定植时期　日光温室冬春茬在 9 月上中旬播种,11 月上中旬定植。

2. 定植方法及密度 每 667 平方米栽苗 3 300～3 500 株。栽苗时嫁接苗的接口要高出垄面 1～3 厘米,防止与土壤接触被病菌侵染。栽苗于定植沟内时,割苗坨时防止散坨,用容器育苗的要脱去容器,培少量土并逐沟浇足定植水。

(八)大、中棚秋茬茄子定植

1. 定植时期 一般在 7 月中下旬定植。北方只能在大棚栽培。

2. 定植方法及密度 按 55 厘米宽开定植沟,株距 30～33 厘米,每 667 平方米栽苗 3 700～4 000 株(早熟品种),逐沟浇水。

未经移植的茄苗,栽苗时用平锹铲苗,掰苗栽于沟中,要注意防止散坨。

(九)日光温室秋冬茬茄子定植

日光温室秋冬茬茄子定植的方法及密度与大、中棚定植茄子相同,不同之处是日光温室茄子的采收期可延迟到新年以后,定植期比大、中棚晚,主要是为了满足冬季市场的需要。茄子周年生产的茬口安排见表 25。

表 25 茄子周年生产茬口安排 (以北纬 40°地区为例)

茬 口	播种时间	定植时间	采收上市时间	备 注
露地早熟栽培	2 月上中旬	5 月上旬	6 月上旬至 7 月末	
改良地膜覆盖栽培	2 月上中旬	4 月末	6 月初至 7 月初	
小拱棚短期覆盖栽培	2 月上中旬	4 月下旬	5 月下旬至 7 月末	

续表 25

茬　口	播种时间	定植时间	采收上市时间	备　注
露地晚熟栽培	5 月上旬	6 月中下旬	8 月下旬至霜冻前	
大、中棚春茬栽培	12 月中下旬	3 月中下旬	4 月下旬至7 月下旬	可再生栽培
日光温室冬春茬栽培	9 月上中旬	11 月上中旬	1 月下旬至6 月下旬	可再生栽培
日光温室秋茬栽培	11 月中下旬	2 月上旬	3 月中下旬至 7 月下旬	可再生栽培
大、中棚秋茬栽培	6 月上旬	7 月中下旬	9 月上旬至10 月下旬	
日光温室秋冬茬栽培	6 月下旬至 7 月上旬	8 月上中旬	9 月下旬至翌年 1 月上旬	

五、田间管理

茄子生产的茬口比较多，生长发育的环境条件差异比较大，定植后应根据露地和各种保护地设施的小气候特点进行管理。

(一)露地早熟栽培

垄上覆盖地膜，定植水浇足后，从定植到开花结果期无须浇水和中耕培垄。只需注意观察，发现地膜有松动处要及时埋土踩实，防止被风吹开。栽苗孔封闭不严处用土封严。露地早熟茄子栽培，定植缓苗后的田间管理主要有以下两项技术。

1. 肥水管理　茄子坐住后即开始膨大，就需开始灌水。这次灌水的时机很重要，如灌水早了容易降低地温，影响发育，甚至造成落花没有门茄;如灌水晚了,由于土壤水分不足,门茄膨大缓慢。覆盖地膜的茄子施基肥较多,门茄采收前不需追肥。在对茄果实开始伸长时,门茄采收前不需追肥。在对茄果实开始伸长时,追催果肥,结合灌催果水,在垄沟中按每 667 平方米施三元复合肥 20～30 千克,施后立即灌水。进入结果盛期,不降雨时每隔 6～7 天灌 1 次水。伏雨季节,雨后及时排除积水。覆盖地膜栽培施基肥量大,不需要再追肥,可进行叶面喷肥,氮肥喷肥浓度以 0.3%～0.5%、磷酸二氢钾以 0.1%～0.2%、过磷酸钙以 0.5%～1% 为适宜。

2. 整枝打叶 茄子植株花芽两侧各抽生 1 个侧枝,两个侧枝生长势比较一致,形成双杈分枝。由于两个分枝不是对生的,习惯上称先发生的为主枝,后发生的称第一分枝,其实都是侧枝。茄子每个叶腋都能发生侧枝,其实唯有花芽下的两个侧枝长出不久就平衡生长,并在长出 2～3 片叶后又形成花芽,花芽下又长出两个侧枝。茄子的分枝规律由主干一分为二,由二分为四,由四分为八,由八分为十六。

露地早熟栽培的茄子整枝保留四级侧枝,其余侧枝尽可能早摘除,以免消耗养分,老叶、黄叶和病叶要适时摘除,以利于通风透光(图 42)。

(二)改良地膜覆盖栽培

茄苗定植后,到缓苗期时露地的晚霜期未过,需要密闭地膜,不通风,使秧苗在高温高湿下加快缓苗。地膜的内表面布满水滴,即使晴天光照很强也不会烤伤秧苗。

改良地膜覆盖的茄子,终霜后植株需要在地膜外生长发育。当露地气候条件适合茄子生育时,茄子植株突然露出地膜外,很难适应露地气候条件,必须循序渐进地锻炼,在缓苗后将地膜扎若干小孔通风,扎孔可逐渐增多,并逐渐靠近植株。经过通风锻炼,秧

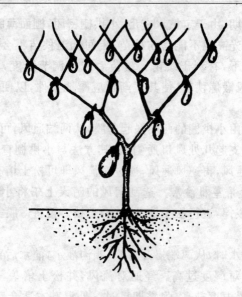

图 42 露地茄子整枝示意图

苗已经适应外界条件时,利用阴雨天或早晨、傍晚将支撑小拱的树枝插条从小拱中抽出,使地膜贴于垄面上。做高低埂畦,将植株引出地膜外,将高埂上的土推入沟中一部分。浇水、追肥在沟中地膜上进行,使水、肥经地膜的扎孔渗入土中。

改良地膜覆盖茄子属于露地早熟栽培范畴,只是茄子从定植到缓苗期处在简易设施的保护下,因此可在一定程度上提早采收。茄子的其他管理,如追肥灌水、整枝打叶与露地早熟栽培茄子相同。

(三)拱棚短期覆盖栽培

1. 温度调节 小拱棚短期覆盖栽培茄子,空间小,温度变化剧烈,升温快降温也快,人员不能进入棚内进行农事作业,定植后一段时间面临外温低、小拱棚四周地温低的特点。

定植初期,由于定植水充足,小拱棚密闭,棚面薄膜布满水滴,晴天中午强光高温不能烤伤秧苗,夜间低温秧苗不会受冻。在高湿高温条件下,有利于缓苗。缓苗后需要调节温度,防止秧苗徒长,经过通风锻炼秧苗,使其逐渐适应露地条件,以便于最终撤掉小拱棚。

开始先由小拱棚的两端揭起薄膜,从两端通风,可进一步再从小拱棚西侧支起几处风口通侧风,其方法与小拱棚育成苗通风相同,先顺风通风,再逆风通风,通过对流风即可松土培垄。

2. 松土培垄和灌水　选刮南风的晴天上午将小拱棚薄膜揭开,将骨架拔掉,进行松土培垄,结合整枝。再将薄膜盖上,通对流风。

需要浇水时,从两端揭开薄膜,顺沟灌水,灌水后再加大通风,防止空气相对湿度过高。经通对流风,并松土培垄,已经开花坐果,此时外界温度升高,晚霜期已过。外温基本适合茄子生长,选刮南风天气的早晨揭开薄膜进行大通风。开始大通风时,为防止叶片受影响,可在揭膜后立即用喷雾器向叶片上喷清水。经2~3次大通风后,利用阴雨天或早晨、傍晚揭下薄膜,拔掉骨架,变为露地茄子。

小拱棚短期覆盖栽培茄子,属于争取差价效益的茬口,除了常规的栽培和整枝方式外,还可以实行高度密植栽培,茄子行距为50厘米,株距为25~28厘米,每667平方米栽苗4 670~5 330株。

小拱棚茄子定植期比大、中棚和日光温室都晚,采收期短,为了发挥其栽培密度大的优势,可采取特殊的整枝方法,在门茄开花坐果时,对茄以上的两个侧枝留2片叶摘心。每株茄子只结3个果,每667平方米可采收14 010~15 990个茄子。在露地茄子进入门茄采收期时,小拱棚茄子已经基本采收结束,可以倒地生产其他蔬菜。虽然多用秧苗,但其差价效益比较可观。

(四)露地晚熟栽培

露地晚熟茄子是最原始的栽培方式,也可称常规栽培或一大茬栽培。该茬茄子由于不用任何保护设施,从播种到采收结束,全在无霜期内完成。

1. 缓苗期管理 定植2～3天后,定植沟帮土壤干湿适宜时,进行细致松土,将地面铲平,再从行间开沟培垄,使垄的两帮高出垄台,往垄沟灌水时不漫垄台,有利于发生新根,促进缓苗。由于温度和水分比较适宜,茄子缓苗比较快,缓苗后开始正常生长。

2. 开花结果期管理 茄子缓苗后标志着幼苗期结束,将进入开花结果期,处于过渡阶段,此时营养生长占优势,生殖生长量较小,需要适当控制生长,防止徒长。抑制生长的措施是加强中耕,控制水分,即所谓"蹲苗"。"蹲苗"期间不是绝对不浇水,因为一旦生长期间出现干旱,生长过于受抑制,会影响发育,浇水后土壤干湿适宜时立即中耕培垄。

开花结果期管理的关键是调节营养生长和生殖生长平衡。如果营养生长条件优于生殖生长,容易造成叶片肥大,茎枝粗壮,果实迟迟不膨大,采收期延迟,影响产量;反之,营养生长过分抑制,果实生长过旺,叶片小,茎枝细弱,造成果实坠秧,也影响产量,降低品质。

3. 结果期管理 门茄开始伸长时即追肥浇水,每667平方米追三元复合肥20～30千克,将肥撒于沟中后立即逐沟灌水,灌水要避免漫垄。进入雨季前每次灌水后都要适时浅松土培垄,不往垄台上培土,只将垄帮培高于垄台,以便于灌水不漫垄。雨季前进行最后一次培垄,尽量将土培到垄台上,降雨后立即排除积水。

茄子的整枝方法见露地早熟茄子。伏天过后,再追一次肥,根据植株长势,比第一次追肥可适当增加肥料用量,结合灌水,不再中耕。

(五)大、中棚春茬栽培

大、中棚茄子定植初期温度偏低,有时还有寒流出现。该茬茄子生育期间温光条件比较优越,需要科学地调节和利用。

1. 温度管理 定植后密闭不通风,在高温条件下,促进缓苗。大、中棚没有外保温设备,晴天太阳升起后升温快,中午棚内温度特别高,超过茄子适宜温度上限,夜间温度下降特别快,阴雨天不见太阳时,棚内温度不上升,棚内贯流放热量大,温度变化剧烈。有外保温的中棚保温效果较好,没有外保温的中棚,如果与大棚同时定植茄子保温更困难。

茄子定植后遇到寒流,可在大、中棚内扣小拱棚,小拱棚上还可覆盖农用无纺布或草苫保温防寒。在茄子缓苗期间,晴天中午气温超过35℃,由于棚膜内表面布满水滴,定植水充足,又处在不通风的条件下,棚内空气相对湿度大,秧苗不会受害,缓苗后可以通过通风调节温度,但是应尽量延长高温时间,因为大、中棚昼夜温差大,虽然白天温度高也不会徒长。开始从两侧围裙上扒缝放风,最低外温达到15℃以上时,揭开底脚围裙,昼夜通风。

2. 肥水管理 大、中棚茄子一般不覆地膜。定植3~4天后浇缓苗水,再过3~4天进行中耕,将垄沟(定植沟)铲平,从行间开沟培垄,具体做法见露地晚熟茄子。

缓苗后经过一段蹲苗,至门茄瞪眼期开始追肥浇水,每667平方米追施三元复合肥30~40千克,撒施于沟中并立即逐沟灌水。2~3天后中耕培垄。对茄采收后进行第二次追肥,具体方法同第一次追肥。

3. 整枝方法 该茬茄子与日光温室早春茬茄子、日光温室冬春茬茄子相同。因为生产环境比较优越,植株生长比露地旺盛,栽植密度又比较大。其整枝方法与露地茄子不同,可采用双干整枝。双干整枝就是从对茄往上始终保持双干,到八面风茄子不是结15

个茄子,而是只结 7 个茄子。这种整枝方法,虽然结果数量少,但是前期产量高,又适合棚室环境的茄子生育特点,提高产品质量,季节差价效益比较明显(图 43)。

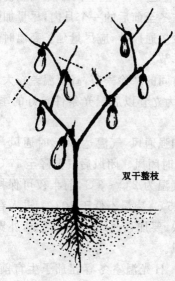

双干整枝

图 43　保护地栽培的茄子双干整枝示意图

(六)日光温室冬春茬栽培

1. 温度　管理冬春茬茄子定植初期日光温室内的空气湿度比较高,夜间的地温和气温适宜茄子生育的需要,茄子缓苗很快。但是冬至前后各 15 天是一年中光照最弱、温度最低的季节,日光温室在既无人工补光又不加温的条件下,对茄子生育极为不利。到大寒以后,温光条件开始好转。

冬春茬茄子定植后 3～5 天内温室内不超过 32℃不通风,有时光照很强,接近中午超过 32℃并继续升高,可扒缝通风,降到30℃以下就要闭风。

　　缓苗后,白天保持26℃～27℃,午后气温降到17℃时放下草苫。在最寒冷的季节,性能好的日光温室遇到阴天、降雪,有时即使2～3天后才能卷起草苫,但室内最低气温仍可保持5℃以上,茄子不会受害。在冬至前后的一个月内,尽量加强保温,除了中午气温特别高时需少量通风外,应尽量延长高温时间,以便于茄子顺利度过低温寡照季节。

　　在相当一段时间的寒冷季节,昼夜温差较大,茄子管理的中心任务是促根控秧,为立春以后温光条件转好的季节的生育打好基础。

　　大寒以后要加强通风,气温达35℃时通风,降至25℃时关小通风口,降至20℃时闭风。闭风后气温降至17℃时放下草苫。放下草苫后短时间气温为2℃～3℃,前半夜可保持15℃～18℃,后半夜保持13℃～15℃,凌晨不低于10℃。进入春季后,光照增强,室内气温上升较快,要加强通风。进入夏季,外界气温夜间不低于15℃时要昼夜通风。

　　2. 光照管理　日光温室冬春茬茄子生育前期有较长一段时间光照度不能满足要求,特别是温室后部弱光区因光照度低,植株容易徒长,果实发育缓慢,最好要张挂反光幕,改善光照条件。每天卷起草苫后要清洁薄膜,以提高透光率。日光温室栽培紫茄品种时,不能覆盖聚氯乙烯无滴膜,需要覆盖聚乙烯无滴膜,最好覆盖聚乙烯紫光膜。

　　3. 水肥管理　日光温室茄子的肥水管理与露地栽培有很大差异。

　　(1)水分管理　温室中水分不受降雨影响,完全由人工控制,可根据需要供给水分。水分管理的关键是按需供水,控温不控水。日光温室冬春茬要浇足定植水,覆盖地膜后,缓苗期间不需要浇水。缓苗后促根控秧,要保持植株生长所需的水分。需要浇水时,要注意收听天气预报,以保证浇水后有两个晴天。浇水要在上午

10时左右浇完,浇水后要通风。冬季通风量小,浇水时为地膜覆盖的暗沟,要揭开垄端地膜,用塑料软管灌入暗沟中。

日光温室冬春茬茄子是先栽苗后盖地膜。定植后土壤干湿适宜时松土,将定植沟铲平,从中间开沟培垄,用小木板将垄帮、垄台刮平,用相当于垄长的一幅地膜,从垄沟向两侧垄台上拉开,在茄子植株处用剪刀开口,将地膜拉过垄台外侧。因垄台光滑,地膜可贴在垄上,下边缘无须埋入土中。冬季浇水要在地膜下暗沟进行,春天通风量大,浇水需要暗沟明沟交替进行。

(2)追肥　冬春茬茬口生育期长,需肥量较多。前期生长缓慢,基肥施用量又比较多,浇水也少,植株耗肥少,不需要追肥,对茄采收以后,温度升高,光照增加,生育加快,浇水量大,需要追肥,可将三元复合肥溶于水中,随水施于地膜下的暗沟中,每667平方米施20~30克三元复合肥。

对茄采收以后,温光条件适宜,茄子植株生育旺盛,果实正在膨大,需要补充氮肥和钾肥,每667平方米追施尿素15~20千克,撒于明沟中,用四齿耙划松沟底,然后灌水。过几天再追施硫酸钾,每667平方米施10千克。通风量加大,浇水要明沟暗沟交替进行。

(七)日光温室早春茬栽培

日光温室早春茬茄子定植后,光照逐渐增强,光照时间逐渐延长,外界温度回升,日光温室温光条件均可满足茄子正常生长发育的需要。早春茬茄子与冬春茬茄子的区别是:早春茬茄子生育期短,需要在有限的时间内,创造最适合生长发育的条件,争取早采收、多结果,提高采收频率。

1. 温度管理　缓苗期密闭保温,在高温高湿条件下促进缓苗。定植5~7天叶心展开,标志新根已经发生,吸收能力增强,植株开始生长,白天保持25℃左右,夜间保持15℃~17℃,地温可升高到 20℃ 以上,达到茄子生长发育最佳温度。

2. 水肥管理 早春茬茄子定植后由于光照强,温度高,通风量大,水分蒸发快,需要浇缓苗水,过 2～3 天再松土培垄覆盖地膜,水肥管理方法与春茬茄子相同。

进入门茄瞪眼期开始追肥结合浇水,每 667 平方米追施尿素 20 千克,将肥撒于明沟中,边撒边灌水,使尿素立即溶化,不能撒完尿素再灌水,防止产生氨气危害叶片。明沟追肥灌水后,经过 2～3 天后松土培垄保墒。对茄采收后进行第二次追肥,每 667 平方米追施三元复合肥 30 千克。四面斗茄子膨大时,根据植株生长势决定是否需要第三次追肥。此后无须中耕和追肥,只按需要浇水即可。

(八)大、中棚秋茬栽培

1. 温度管理 秋茬茄子定植后正处在高温强光季节,气温超过茄子适宜温度,需将中棚四周薄膜卷起,将大棚底脚围裙揭开,昼夜通风。

大、中棚薄膜经过春茬生产,透光率已下降,棚内的地温和气温(通风条件下)都低于露地,这对茄子的正常生育是有利的。进入秋凉以后,外界温度下降,昼夜温差加大,当外界气温降到 15℃ 以下时,大、中棚要闭风,尽量使棚内温度保持在 15℃ 以上。随着温度的下降,白天密闭不通风,以尽量延长茄子的生育期,到大、中棚内出现霜冻为止。

2. 肥水管理 定植缓苗后松土,从行间开沟培垄,使垄帮高于垄台,以利于灌水。茄子生长前期土壤水分蒸发量大,需每 5～7 天灌 1 次水,后期随着温度下降,通风量要小,温度下降,浇水次数相应减少。

门茄瞪眼期开始追肥,每 667 平方米追施三元复合肥 20 千克,将肥料撒入沟中随即浇水。门茄采收后再进行一次追肥浇水,然后中耕培垄。

(九)茄子保花保果

露地茄子和各种保护设施栽培茄子都有落花落果的现象,只有查清落花落果的原因,才能有针对性地采用技术措施,防止落花落果。

1. 落花落果的原因　茄子落花落果的原因很多,除了花的素质差、短柱花多以外,植株营养生长不良、阴雨天多、持续低温时间较长、高湿和病虫危害等均能造成落花落果。高温也能造成落花。

2. 防止茄子落花　防止茄子落花最根本的措施是培育壮苗。因为大部分花芽是在幼苗期分化形成的。育苗期间创造最适于幼苗生长和花芽分化发育的条件,形成长柱花;定植后调节好温度、光照、土壤水分和气体条件,使雌花正常受精就不会落花。

露地茄子和大、中棚春茬茄子由于开花期间温度低,利用植物生长调节剂处理防止落花,虽然具有防止落花的效果,但是无公害蔬菜生产不提倡使用化控技术。露地茄子要培育适龄壮苗,适时定植,在露地生育阶段就不会遇到落花的条件。保护地栽培茄子,如能调节好环境条件,使茄子开花时能正常授粉受精,也就不会落花落果。

六、采　　收

(一)茄子成熟度鉴别

茄子是以嫩果为产品的果菜类蔬菜,成熟过度则不堪食用。生理成熟的茄子只能采种。过早采收,果实太嫩,虽然可以食用,但影响产量。只有在商品性状最佳时间采收上市,才能既受到消费者欢迎,产量也比较高。商品性状最佳的表现是:果实色泽鲜艳,外表美观,风味鲜美,营养最佳。茄子品种间的差异较大,既不能按大小确定采收期,也不能按坐果日数采收。

茄子品质最佳的时期是果实接近最大长度,纵向伸长停止,开始横向发展,接近萼片边缘的果皮呈白色、浅绿色或带状浅紫色(品种不同,带状颜色不同);果实生长越快,带状越宽,这一带状趋于不明显时,说明果实生长已趋于缓慢,嫩果期即将结束,达到了技术成熟度,应及时采收。

采收茄子,除了考虑其技术成熟度外,还要考虑植株生长势,是否有利于以后果实的生长和市场需求:植株生长势不旺,可适当早采收以恢复生长势;生长势过旺,在不影响质量前提下适当延迟采收。

(二)采收和保鲜

茄子从植株上采摘下来,仍然是活体,还在进行呼吸、蒸腾、生长等生命活动,将会减重、萎蔫、品质下降。

1. 茄子采收后的生理特征

(1)呼吸作用 呼吸是最基本的生理作用。茄子从植株上采摘下来以后,呼吸作用仍在进行,通过气孔、皮孔与萼片等部位吸收氧气,排出二氧化碳。呼吸基质是以碳水化合物与糖类为主体,并与有机酸相关。这类基质经呼吸被分解与消耗掉,当呼吸旺盛时,基质被消耗多,品质就要变劣。呼吸强弱与产品所处的环境有密切关系,所以应创造一个降低呼吸强度的环境,使采收的茄子在包装和运往市场的途中都处在呼吸微弱的状态,这样到市场销售时才能保持鲜嫩。

刚采收的茄子呼吸较强,其后逐渐减弱,到一定程度就稳定下来,但如果在运输过程中遭到振动或冲击,或者遭受病虫危害,其呼吸还会再度增强。

在茄子呼吸与其所处环境的关系中,温度的影响最大,温度越高,呼吸越强;温度越低,呼吸越弱。当温度上升到 10℃ 时,呼吸强度增加 2～5 倍。因此,进行低温处理是抑制茄子呼吸作用的好办法。

呼吸作用就要产生呼吸热,呼吸热的积蓄必然导致温度上升,温度上升又会更进一步引起呼吸增强。所以,采收茄子应在温度低时进行。

(2)蒸腾作用　茄子从植株上采摘下来,蒸腾作用仍在进行。采收前果实蒸腾作用失掉的水分能得到及时补充,离开植株的茄子得不到水分补充,必然因失水而萎蔫、失重,降低品质,主要表现为鲜嫩度的下降。

采收后的茄子的蒸腾作用与环境条件也有密切关系:空气湿度大,蒸腾作用比较弱,失水少,萎蔫得慢;空气湿度低,蒸腾作用强,水分失掉多,萎蔫得快。采下的茄子萎蔫的快慢与温度也有关系,温度越高萎蔫得越快,温度较低萎蔫得慢。

(3)生长作用　茄子由植株上采摘下来,生长作用仍在进行,主要表现在种子的发育,果实的养分不断转移到种子中去,最后种子变硬,果肉营养物质减少,导致果肉松软而失掉食用价值。在茄果类蔬菜中,唯有茄子的采收成熟度(技术成熟度)最严格,这也是茄子不适合贮藏的原因。

2. 茄子采收及保鲜　不论哪种茬口的茄子,都要在早晨温度低时采收。茄子果柄木质化程度较高,采摘容易折断枝条或拉断果柄,最好用剪刀将茄子带柄剪下。

为了保持鲜嫩,采下的果实最好用包装纸包起来,放在衬有薄膜的纸箱或筐中。如果在寒冷的季节运往市场,需用棉被包严防止茄子受冻。

夏季露地茄子需在早晨运到市场销售,可在傍晚采收,有条件的可进行预冷,没有预冷设备的可浇冷水降温。

采收的茄子在运输过程中要防止挤压和碰撞,创造低温高湿的包装运输条件,缩短从采收到市场的时间,才能保持鲜嫩的品质。

七、茄子老株更新

(一)老株更新的茬口

大中棚春茬茄子、日光温室冬春茬茄子和日光温室早春茬茄子采收后,由于未发生病虫害,根系吸收功能健全,可进行老株更新,再结茄子。

(二)技术措施

7月中下旬,选晴天从茄子地面以上 10～15 厘米处斜剪去上部老枝,留下主干,剪后用 0.1% 高锰酸钾溶液涂抹剪口,进行消毒,防止病菌侵入。剪后进行中耕和追肥,最好追施腐熟的有机肥,如鸡粪、饼肥等。

茄子老枝剪除后,经 6～7 天便可发出新芽。每株选留 1～2 个壮芽,使其长成枝条。更新后的植株花芽形成早,开花也快。新枝发出后,隔 10～15 天浇一次水;摘除多余的枝条,注意防好病虫害。新枝经 15～20 天开花,开花后 10～15 天即可采收茄子。

更新的茄子 8 月上中旬即可上市,一直采收到春节前,其产量可达到更新前的 2/3。更新茄子的肥水管理、温度调节可参照日光温室秋冬茬茄子进行。

第四章 茄子病虫害防治

一、茄子病虫害防治的基础知识

不论是茄子露地栽培还是棚室反季节栽培,其病害分为侵染性病害和非侵染性病害。侵染性病害是由病原生物引起的,主要由真菌和病毒危害引起,这类病害能传染。非侵染性病害是由于环境条件不适宜或营养失调造成的,如温度过高或过低,水分过多或过少,光照过强或过弱,肥料和营养元素过多或过少,土壤 pH 值不适宜等均可引起非侵染性病害。

(一)侵染性病害

1. 真菌引起的病害 茄子由真菌引起的病害最多,如茄子灰霉病、茄子黄萎病、茄子枯萎病、茄子褐色圆星病、茄子菌核病、茄子白粉病、茄子褐纹病、茄子绵疫病、茄子炭疽病、茄子根足软腐病、茄茎基腐病。

2. 病毒引起的病害 病毒主要通过刺吸口器昆虫、嫁接、机械损伤的伤口进行侵染。病毒在种子、病残体、土壤和昆虫体内越冬。病毒病常见的症状有花叶、斑枯、丛枝、矮化、畸形等。茄子花叶病是主要病害。

(二)非侵染性病害

1. 温度过低或过高的危害

(1)低温生理障害 茄子幼苗期两片子叶镶白边,原因是突然遇到短时间的低温,造成叶缘失绿,一般不影响真叶生长。秧苗定植后遇到短时间低温,叶片呈暗绿色,逐渐干枯。如果低温时间长,可能引起全株干枯,原因是使根系活动减弱,吸收功能下降,向地上部输送水分减少所致。

茄子定植后突然遇到寒流强降温,气温降到适应温度以下,大部分叶片受冻,特别是生长点受冻,气温回升后仍不能恢复,只能拔除重栽。

(2)高温生理障害 棚室栽培茄子,生育期间通风不及时,气温过高,会使光合作用受影响,呼吸作用增强。当呼吸作用大于光合作用时,就没有光合作用物质贮备,就要消耗原存的贮藏物质,造成叶片变薄、茎细、节间长、颜色变浅,抗逆性低。高温还影响花芽分化、花蕊发育及受精,造成落花。

2. 水分不足或过多的生理障碍 茄子的根系虽然比较发达,吸收能力较强,但是突然水分不足,对各个生育阶段都有影响。幼苗期水分不足,使花芽分化推迟,发育迟缓。因此,茄子育苗应控温不控水,但是水分过多会使茄苗徒长而降低抗逆性,应注意适量灌水。

茄子定植缓苗后,若水分不足将影响花蕾发育。果实膨大期间如水分不足,茄子不但发育缓慢,而且会使果皮粗糙,无光泽,品质低劣,特别是紫长茄品种更为严重。

茄子虽然需水量较多,但是怕涝。如果地面淹水数小时,茄子根系将因缺氧而窒息,叶片萎蔫不能恢复而枯死。

3. 营养元素缺乏或过剩对茄子的危害

(1)氮 氮是叶绿素的主要构成成分,叶绿素的多少直接影响光合作用。如果氮不足,叶绿素形成少,叶色浅,从下部叶片开始出现黄化脱落。

(2)磷 茄子植株缺磷,叶片呈紫色,蔓枝细长,纤维发达。茄子幼苗期缺磷,花芽分化延迟,结果也向后延迟。

(3)钾 钾对细胞分裂和碳水化合物的转化有重要作用。茄子缺钾叶片失绿,出现灼伤状,尤其老叶最明显。茄子出现缺钾,多因农家肥施得少,或施氮肥过多,因而产生了对钾吸收的拮抗作用。

(4)钙 钙对蛋白质的合成、碳水化合物的输送和中和植株体内的有机酸有重要作用。茄子缺钙时生长缓慢,幼叶失绿,功能叶卷曲,严重时生长点坏死,老叶仍保持绿色。

土壤一般不缺钙,但施氮、钾过多,或土壤干燥、溶液浓度高阻碍了茄子对钙的吸收,容易缺钙。

(5)镁 镁是叶绿素的主要组成元素,对果实的品质和果实的成熟都有影响。茄子缺镁叶片失绿,叶脉间失绿更为明显,果实小,容易脱落。

土壤中含有镁,但常因施钾过多对钙产生了拮抗作用,抑制了茄子对镁的吸收。

4. 茄子僵果 俗称石茄子。茄子整个生育期中均能产生石茄,但以前期和后期容易产生。石茄子果实小,果形不正,将其剖视可见果肉发黑而且发硬,不堪食用。

发生茄子僵果的原因很多,在干燥、肥料浓度过高、水分不足的情况下,同化养分少,光照不足,摘叶过多,或温度过低,或夜温偏高,或植物生长调节剂处理不当,均会产生僵果。

5. 茄子裂果 幼茄和长成的茄子均会发生裂果,其原因是供水不均匀。棚室栽培茄子,进入高温期,白天高温干燥,傍晚灌水,很容易产生裂果。尤其在较长期干旱的情况下,露地茄子突然降雨或灌大水时,裂果尤为严重。另外,植物生长调节剂处理浓度过高,或在中午高温时使用,或重复使用均容易裂果。

二、茄子虫害的基本知识

为害茄子的害虫绝大多数是昆虫,只有少数螨类。为害茄子的害虫分为咀嚼式口器和刺吸式口器害虫两种。

(一)咀嚼式口器害虫

咀嚼式口器害虫为害茄子时,主要咬食茄子的根、茎、叶、花和果实。有的将叶片咬成孔洞、缺刻,甚至将叶片吃光,有的将秧苗贴地面咬断,有的蛀入果实。防治这类害虫,须用胃毒剂,害虫进行危害时将药剂一并吞入胃中而中毒死亡。

(二)刺吸式口器害虫

刺吸式口器害虫危害茄子时口器刺入时,其叶片或嫩梢组织吸食汁液,使叶片、嫩梢皱缩、卷曲,出现斑点和变色等现象。对这类害虫用胃毒液防治,不容易进入害虫的消化道,故用一般农药防治无效,须用内吸剂农药或触杀剂农药防治。

三、茄子病虫害防治的原则

(一)病害防治原则

1. 严格遵守植物检疫规定 随着市场经济的发展,茄子的进出口商贸及种子资源交换利用等活动频繁,必须严格执行植物检疫规定,从源头上杜绝病害传入和蔓延。植物检疫又叫法规防治。它是国家或地区政府为防止危险性有害生物随植物及其产品的人为引入和传播,以立法手段和行政措施强制实施的植物保护措施。植物检疫是病虫害防治的第一环节。

2. 选用抗病品种 我国栽培茄子历史悠久,类型品种繁多,各省、市都有较优良的地方品种和农业科研院所和农业院校育成的品种和杂交种,其中不乏高产、优质的抗病品种。选用抗病的茄子品种,可减少农药的用量,不但节省农药费用和人工,降低生产成本,而且符合无公害蔬菜生产的需求。

3. 提高栽培技术以控制病害发生 种子消毒,嫁接换根,培育适龄壮苗,增施有机肥作基肥,深翻细耙,浇足定植水促进缓苗。在茄子生育期间创造有利于茄子生长发育、不利于病原菌生长和繁殖的环境条件,促进茄子秧苗早缓快发,使茄子植株健壮、发育正常,提高抗病性,减少病害发生。

4. 防治病害必须符合无公害生产要求 在必要时使用化学药剂防治,但必须选用高效低毒农药,不准施用禁用农药。按规定的间隔期施用农药,切实保证茄子果实上农药残毒不超标。

(二)虫害防治原则

1. 清除虫源 在茄子生产田及各种保护地设施的周围,及时清除杂草,减少害虫来源,从源头上进行杜绝。

2. 生物防治 保护和利用天敌昆虫。茄子容易受蚜虫危害,而瓢虫和草蛉是蚜虫的天敌,要注意利用瓢虫和草蛉防治蚜虫,同时注意利用丽蚜小蜂防治温室白粉虱。此外,还可用微生物制剂(如苏云金杆菌)和赤眼蜂替代部分化学农药防治为害茄子的害虫。

3. 物理防治 利用昆虫的趋光性,用灯光诱杀成虫;利用成虫的趋化性,用糖醋液(糖∶醋∶水=3∶1∶6)诱杀成虫;利用银灰色地膜覆盖或挂银灰色薄膜条,均有避蚜作用,可防止病毒病的发生。

4. 利用防虫网防治害虫 除了露地栽培茄子以外,日光温室和塑料大中棚在虫害发生季节要及时覆盖防虫网,使害虫不能进入网内,这样不仅不用喷农药,而且有遮蔽强光、调节温度和防止暴雨的作用,对生产无公害茄子很有利。

四、病害防治

(一)茄子灰霉病

茄子灰霉病在保护地中发生较多,各地都有不同程度的发生,危害比较严重。

【危害症状】 灰霉病多发生在成株期,危害门茄和对茄。幼茄发病,在幼果顶部或蒂部附近产生水浸状褐色病斑,扩大后呈暗褐色,凹陷腐烂,产生不规则轮纹状很厚的灰色霉层,使果实失去食用价值。发病重时叶片也发病,叶片边缘形成水浸状浅褐色病斑,扩展后呈圆形、椭圆形的茶褐色轮纹大型病斑,湿度大时病斑上密布褐色霉层。后期病斑常连片,致使整个叶片干枯。

【病原菌及发生规律】 灰霉病的病原菌为灰葡萄孢菌,属半知菌亚门真菌。病菌以菌丝体或分生孢子随病残体在土壤中越冬,也可以菌核在土壤中越冬。分生孢子随气流、灌溉水和农事操作时的工具、衣服等传播。病菌多在开花后侵染花瓣,在侵染果实时引起发病。病菌也能由蒂部侵入。温度为16℃～20℃,高温、弱光条件适宜发病,植株生长衰弱时病情明显加重。

【防治方法】 实行棚室栽培,高垄覆盖地膜,采用滴灌或膜下暗沟灌水,调节茄子生育最适宜的温度,控制空气湿度,消除灰霉病的发病条件。

露地栽培时,采取高垄覆盖地膜,定植后加强管理,促进早缓快发,使植株健壮生长;及时整枝打叶,通风透光,减少发病机会。一旦发生灰霉病,立即喷药防治,可用50%腐霉利可湿性粉剂1 500倍液,或50%异菌脲可湿性粉剂1 500倍液,或50%乙烯菌核利可湿性粉剂 1 000 倍液,或 50％多霉灵可湿性粉剂 1 000 倍液,或 65％甲霉灵可湿性粉剂 1 000 倍液,按间隔期交替喷布。

(二)茄子黄萎病

茄子黄萎病俗称黑心病、半边疯,各地普遍发生,不论露地、保护地茄子生产上均有发生,危害严重。

【危害症状】 定植不久即可发病,但以门茄坐果后发病最多,病情加重。一般多从下部叶片发病向上部叶片发展,或自一边发病向全株发展。发病初期叶缘或叶脉间褪绿变黄,逐渐发展至半边叶片或整个叶片变黄或黄化斑驳。病株初期晴天中午萎蔫,早晚或者阴雨天可恢复。后期病株彻底萎蔫,叶片黄萎、脱落,严重时植株光秆或只剩顶端几片叶片,最后植株死亡。黄萎病为全株性系统发病,剖视病株根、茎、分枝及叶柄,均可见维管束变成褐色。

【病原菌及发生规律】 黄萎病的病原菌为黄萎轮枝菌,属半知菌亚门真菌。除危害茄子外,还能危害番茄、辣椒和黄瓜。病菌以休眠菌丝、厚垣孢子、拟菌核随病残体在土壤中越冬。病残体分解后,病菌在土壤中可继续存活 6～8 年,有报道拟菌核甚至可存活 14 年之久。病菌也可以菌丝潜伏在种子内或以分生孢子附着在种子表面随种子越冬。带菌种子可随种子调运远距离传播,成为无病地区的最初菌源。

病菌在 5℃～30℃均可发育,病害发展适宜温度为 20℃～25℃,土壤水分充足,空气相对湿度高有利于病害的发展。灌水不当是导致病害加重的主要原因。大水漫灌后,常使土壤温度降低,不利于根部伤口愈合而有利于病害发生。特别是灌水后遇到高温,土壤水分蒸发快,造成土壤干裂而伤根,有利于病菌侵染。另外,灌水可将病菌传带至下水头,扩大发病面积加速病情发展。地势低洼,土壤黏重,茄科连作,施未腐熟粪肥,缺肥或偏施氮肥,均有利于发病。土壤中地下害虫多也容易发病。

【防治方法】 在未实行茄子反季节栽培之前,只进行露地栽培,靠轮作防止黄萎病发生虽然也有效果,但是轮作间隔年限太长,在蔬菜产区很难实现,特别是随着各种保护设施的发展,茄子已经周年生产,不可能进行轮作。防治茄子黄萎病最有效的方法有以下两个:

①稻茄轮作 辽宁省营口市、盘锦市郊区菜农,利用水稻田进行轮作,秋天收割完水稻立即在稻田上建日光温室(竹木结构、土墙、土后屋面)提前培育茄子长龄大苗,进行冬春茬茄子生产,6月上旬茄子采收完,拆掉温室泡田插秧(先将稻苗囤在水稻田的大行间,插秧时苗高30厘米左右)。

②嫁接换根 自20世纪90年代,日光温室茄子反季节栽培发展以来,鞍山市安县成为茄子生产专业区,日光温室年年生产茄子,主要靠嫁接换根,用赤茄、托鲁巴姆、非洲刺茄作砧木,防治黄萎病不再需要农药。

(三)茄子枯萎病

【危害症状】 枯萎病在成株期发生。初期植株顶部叶片似缺水萎蔫,后萎蔫加重,植株下部叶片开始变黄,枯萎而死,发病严重时整株叶片枯黄,黄枯的叶片不脱落,植株枯死而提早拉秧。剖视病株茎秆可见其维管束变深褐色。

【病原菌及发生规律】 枯萎病的病原菌称尖镰孢菌茄子专用型,属半知菌亚门真菌。病菌以菌丝体或厚垣孢子随病残体在土壤中或附着在种子上越冬,也可在土壤中营腐生生活。病菌由根部伤口或幼根直接侵入,定居于维管束,堵塞导管,并产生镰刀菌毒素致使叶片萎蔫,枯黄而死。病土和带菌农家肥均能传病。发病主要借雨水或灌溉水流传播。温度为25℃~28℃、土壤潮湿有利于发病。移栽、中耕和追肥时伤根,植株生长势弱,也容易发病。

【防治方法】　茄子枯萎病与黄萎病,虽然病原菌不同,但是病害发生规律大体相同,防治枯萎病的方法与防治黄萎病的方法相同,嫁接换根即可。

(四)茄子褐色圆星病

茄子褐色圆星病也称凡星病。各地均有发生,管理粗放的棚室发病较重,可造成茄子提早拉秧。

【危害症状】　该病只危害叶片。叶片上产生直径 1 毫米的圆形或近圆形病斑。病斑初期褐色或红褐色,后期病斑中央褪为灰褐色,边缘的为褐色或红褐色,最外面常有黄白色圆晕。湿度大时,病斑上可稍见浅灰色霉层。病害严重时,叶片上布满病斑,病斑汇合连片,叶片易破碎,早脱落。病斑中部有时破裂。

【病原菌及发生规律】　病原菌称茄生尾孢菌,属半知菌亚门真菌。病菌以分生孢子或菌丝块随病残体在土壤中越冬。翌年从菌丝块上产生分生孢子,借棚膜滴水迸溅或灌水冲带传至茄株下部叶片引起发病。发病叶片产生分生孢子,借气流和农事操作传播,进行再次侵染。保护地内湿度大时病害会迅速发展起来。

病菌喜温、湿度条件,温度为 25℃～28℃,空气相对湿度为 85％以上,有利于病害发生。灌大水,或棚室排湿不好,叶面结露,常是病害发生并迅速发展的直接因素。地势低洼,植株密度上出现郁闭情况或偏施氮肥均容易发病。

【防治方法】　①采取高垄或高畦覆盖地膜,合理密植。②以农家肥作基肥尽量多施,适时追肥,合理施氮肥,适当增施磷肥和钾肥。③生长期间定时喷布喷施宝等植物生长调节剂,可提高抗病能力。④发病初期立即用药防治,可喷布 50％苯菌灵可湿性粉剂 1000 倍液,或 80％代森锌可湿性粉剂 800 倍液,或 70％代森锰锌可湿性粉剂 500 倍液,或 80％代森锰锌可湿性粉剂 600 倍液,或 50％硫菌灵可湿性粉剂 500 倍液,或 70％甲基硫菌灵可湿性粉剂 800 倍液,或 75％百菌清可湿性粉剂 600 倍液,或 50％混杀硫悬浮剂 500 倍液,或 40％多硫悬浮剂 500 倍液。

(五)茄子白粉病

【危害症状】 该病主要危害叶片,多在中、下部叶片先发病,逐渐向上部叶片发展。初时在叶片正面出现点状的白色丝状物,发展后形成形状、大小不等的白粉状霉斑,进一步扩展后可遍及整个叶片,叶面上铺满一层白粉。抹掉白粉可见病部组织褪绿,后变黄干枯。

【病原菌及发生规律】 病原菌称白粉菌。另有报道称单丝壳白粉菌,均属于子囊菌亚门真菌。常见的是其无性繁殖的分生孢子和分生孢子梗。菌丝体表生,分生孢子梗产生于菌丝体上。病菌最初来源尚不清楚。发病后产生大量分生孢子,借气流传播,使病害不断扩大蔓延,引致病害流行。

温度为 16℃～24℃,空气相对湿度为 80％左右有利于发病,但空气相对湿度为 25％也能发病。如植株生长势弱,病情明显加重。

【防治方法】 高垄或高畦覆盖地膜,合理密植,及时整枝打叶,做到通风透光;合理施肥灌水,保持植株健壮生长;发现病株及时清除,并消灭杂草,以减少病菌来源。在发病初期立即喷药防治。可用 25％三唑酮可湿性粉剂 1 000～1 500 倍液,或 20％三唑酮乳油 1 000～2 000 倍液,或 30％氟菌灵可湿性粉剂 1 500～2 000倍液,或 40％多·硫悬浮剂 500 倍液,或 50％硫磺悬浮剂 250～300 倍液,或 25％丙环唑乳油 3 000 倍液,或 12.5％保利可湿性粉剂 3 000～4 000 倍液,或 47％春雷·王铜可湿性粉剂 600～800倍液。

棚室生产茄子,可喷 10％多百粉尘剂,每 667 平方米喷 1 千克。

(六)茄子菌核病

【危害症状】 茄子植株地上各部位均可发病,多从主茎基部或5~20厘米处开始发病。开始发病部位呈水浸状淡褐色,病斑稍凹陷,后病部变灰白色或灰色,干缩状,湿度大时病部长出白色絮状霉层,皮层很快腐烂。病茎表皮及髓部易形成菌核,菌核不规则形扁平状,较大。后期病部干枯,髓空,表皮破裂纤维呈麻状外露,致使茄株枯死。叶片发病,产生水浸状褐色有轮纹病斑。花受侵染后,水浸状湿腐、脱落。果实发病,病部褐色、腐烂,表面长有白色霉层,后形成菌核。病果腐烂掉落或形成僵果。

【病原菌及发生规律】 病原菌呈核盘菌,属子囊菌亚门真菌。病菌以菌核在土壤中越冬,也可混在茄子种子间越冬,翌年温、湿度适宜时,均陆续萌发抽生出子囊盘。子囊盘开放后,子囊孢子成熟即犹如烟雾喷出,肉眼可见,是病害初侵染的来源。子囊孢子萌发后先侵染植株下部衰老叶片和花瓣,引起发病。受害叶片和花瓣脱落后,贴附在无病的茎叶或与病茎叶接触均可传病。菌核本身也可以产生菌丝直接侵入近地面茎叶和果实。在病害中期,由病部长出的白色棉絮状菌丝可形成新的菌核。这些菌核萌发后可再次侵染。病菌侵染期很长,从定植初期到采收后期均可受侵染而陆续发病。

土壤中残留菌核数量的多少对病害发生轻重关系非常大。新建棚室土壤中残留菌核少,发病较轻;反之,发病就重。菌核形成和萌发适宜温度分别为20℃和10℃左右,并要求土壤湿润。在适宜的温、湿条件下,菌核不但萌发率高,萌发也快,持续时间也长,从而产生更多的子囊盘和子囊孢子。棚室内土壤水分和空气湿度的调控对防止茄子菌核病十分重要,温度为16℃~20℃、空气相对湿度为85%~100%最适发病。

【防治方法】 培育适龄壮苗,高垄或高畦覆盖地膜,适期定植,加强管理,促进植株旺盛生长,以提高其抗病性。发现病株要及时拔出深埋。棚室栽培茄子,关键是控制好温湿度,最大限度地防止发生菌核病的条件。一旦发生病害,立即喷药防治,可用50%混杀硫悬浮剂 500 倍液,或 50%甲基硫菌灵可湿性粉剂 500倍液,或 20%甲基立枯磷乳油 1 000 倍液,或 50%腐霉利可湿性粉剂 1 500 倍液,或 50%异菌脲可湿性粉剂 1 000 倍液,或 50%乙烯菌核利可湿性粉剂 1 000 倍液,或 40%菌核净可湿性粉剂 1 000 倍液喷布。

(七)茄子褐纹病

茄子褐纹病俗称"烂茄子",各地普遍发生。该病主要危害露地茄子,发病严重,保护地茄子也有发生。该病不仅在生产田为害,在运输过程和销售过程中还可继续危害。

【危害症状】 茄子各个生育期均能危害。幼苗发病,在近地表幼茎上出现梭形的褐色稍凹陷病斑,条件适宜时病斑很快发展,造成幼苗猝倒或立枯,稍大的秧苗则形成"悬棒秸"。成株期叶、茎、果均可发病,以果实最易受害。果实发病,初时在果面上形成圆形或近圆形褐色小斑点,迅速扩展形成大小、形状不一的稍凹陷的褐色湿腐性病斑,有时病斑可扩及半个至整个果实,病部轮生许多稍大的小黑点。最后果实腐烂,落地或成僵果悬挂枝头。叶片发病,初时叶上产生苍白色小斑点,扩展后呈圆形、椭圆形或不规则形的大小不等的病斑;病斑中央灰白色,边缘褐色乃至深褐色,上面散生许多很小的小黑点。病斑组织变薄,易破碎或开裂穿孔。茎秆、枝条发病,病斑呈梭形或长椭圆形,中央灰白色,边缘紫褐色,稍凹陷,形成干腐状溃疡,上面散生许多小黑点。后期病部常发生皮层脱落暴露出木质部。

【病原菌及发生规律】 病原菌称茄褐纹拟茎点菌,属半知菌亚门真菌。分生孢子器球形或扁圆形,较大,黑色,内生许多分生孢子。

　　病菌主要以分生孢子器和菌丝体在土表病残体上越冬,也可以菌丝体潜伏在种子的种皮内,或以分生孢子附着在种子表面越冬。病菌一般在种子上和土壤中可存活2年。带菌种子可引起幼苗发病,土壤中的病菌可引起茄株基部溃疡。它们产生的分生孢子成为田间茎叶、果实发病的侵染源。病部产生的分生孢子,借风雨、灌溉水、昆虫和农事操作传播,从伤口或直接穿透表皮侵入。成株期潜育期为7天左右。条件适宜时,该病害易发生和流行。

　　病菌在7℃～40℃均可发育,但菌丝生长、分生孢子产生和萌发的适宜温度为28℃～30℃,要求80%以上的空气相对湿度。因此,露地茄子遇到连续阴雨或持续高湿,保护地茄子通风不良、高温、湿闷发病严重。茄子连作,土壤黏重,栽植过密,偏施氮肥,植株衰弱等,均利于发病。

　　【防治方法】　①选用抗病品种,使用无病种子,进行种子消毒。②用无病土苗床培育适龄壮苗。③施足有机肥,不偏施氮肥,增施磷、钾肥,小水勤灌,避免灌水漫垄。④果实采收要及时,发现病果要清除深埋。⑤棚室反季节栽培茄子,从定植开始要调节好温度、土壤水分和空气湿度,创造有利于茄子生长发育而不利于病菌生长发育的条件,从源头上防止病害的发生。

(八)茄子茎基腐病

　　【危害症状】　茄子定植不久植株即可发病,以门茄坐果后发病最重。多在根茎(地表以下的茎)和茎基部(地表以上附近的茎)发病。病部皮层变褐湿腐,植株地上部枝叶萎蔫、枯黄。病株病部最后凹陷或缢缩、腐烂,皮层易剥离,露出暗色的木质部。病株最后枯萎而死。

　　【病原菌及发生规律】　病原菌称腐皮镰孢菌,属半知菌亚门真菌。病菌产生两型分生孢子和厚垣孢子。大型分生孢子产生较多,镰刀形,无色,多具 3～4 个分隔。小型分生孢子较小。厚垣孢子多生于菌丝顶端或中间的细胞内。

病菌侵染茄子、辣椒和番茄等茄果类蔬菜。病菌以菌丝体和厚垣孢子在病残体及土壤中越冬。病菌腐生性很强,厚垣孢子在土中可存活 5～6 年甚至更长,是田间主要初侵来源。病菌由根基部伤口侵入,在皮层细胞危害,最后进入维管束组织。发病后,病部产生分生孢子,再由灌水、农事操作时工具传播。

病菌对温度要求不严格,在 10℃～35℃ 均能活动,但喜低温,地温为 15℃～17℃ 时最易发病。要求 80％ 以上的空气相对湿度,尤其土壤高湿度利于病菌的传播活动,而不利于根茎部伤口愈合。土质黏重、连作、地下害虫多,或农事操作造成伤根均能加重发病。

【防治方法】 ①精细整地,施足腐熟有机肥。②实行 3 年轮作。③棚室栽培时要调控好温湿度,最大限度地减少发病条件。④发现病害立即喷药防治,可用 50％ 多菌灵可湿性粉剂 500 倍液,或甲基硫菌灵可湿性粉剂 800 倍液,或 10％ 混合氨基酸铜水剂 200～300 倍液,或 40％ 多·硫悬浮剂 600 倍液,或 77％ 氢氧化铜可湿性微粒粉剂 500 倍液,或 5％ 菌毒清水剂 500 倍液,或 25％ 络氨铜水剂 300～400 倍液,或 25％ 丙环唑乳油 2 500 倍液或 2％ 嘧啶核苷类抗生素水剂 200 倍液。

(九)茄子炭疽病

【危害症状】 炭疽病主要危害果实,以接近成熟或成熟果实发病为多。果实发病初时在果面上产生圆形、不规则形、黑褐色稍凹陷的病斑。病斑逐渐扩展,或互相汇合,可形成大型病斑,有时可扩及半个甚至整个果实。后期在病部产生密集的小黑点,潮湿时其上溢出蜡红色黏稠状物。病部皮下果肉微呈褐色,干腐状。严重时可引致整个果实腐烂。

【病原菌及发生规律】 病原菌称茄果腐黑刺盘孢菌,属半知菌亚门真菌。分生孢子盘差异较大,混生多根刚毛,分生孢子梗短棒状,紧密排列。其顶生分生孢子。

病菌以菌丝体和分生孢子盘随病残体在土壤中越冬,也可以分生孢子附着在种子表面越冬。翌年由分生孢子盘产生分生孢子,借雨水、灌溉水溅射传播至茄株下部果实上引起发病。播种带菌种子,萌发时就可侵染幼苗使之发病,也可成为病菌来源。果实发病后,病部产生大量分生孢子,借风雨、昆虫及摘果时人为传播,进行反复再侵染。

温度为 25℃～28℃,空气相对湿度为 85%～90%以上容易发病。棚室栽培灌大水,闷湿、植株郁闭,采收不及时,发病重,氮肥过多时发病也重。

【防治方法】 ①选用无病种子和无病土苗床栽培适龄壮苗。②高垄或高畦覆盖地膜,适时定植,栽培密度要合理。③实行 3 年以上轮作。④增施有机肥,不偏施氮肥。⑤棚室栽培要加强通风排湿,在土壤水分充足时,要注意降低空气相对湿度。⑥发病初期及时喷药,可用 50%多菌灵可湿性粉剂 500 倍液,或 50%甲基硫菌灵可湿性粉剂 500 倍液,或 70%甲基硫菌灵可湿性粉剂 800 倍液,或 50%混杀硫悬浮剂 500 倍液,或 50%利得可湿性粉剂 800 倍液,或 80%代森锰锌可湿性粉剂 600～1 000 倍液,或 80%福美双可湿性粉剂 800 倍液喷洒。

(十)茄子绵疫病

【症状识别】 茄子苗期可以发生绵疫病,但以成株期发病最甚,果实发病最多,尤其幼果容易发病。多是从果实底部或萼部附近先发病,呈紫褐色,软化腐烂,病部迅速扩展至 1/3～1/2 果面,病部稍凹陷、软化,空气相对湿度大时病部表面生出白色粉状霉,最后果实腐烂。茄子茎基部、茎秆、枝条发病,病部紫褐色,皮层软化,稍缢缩,严重时造成整株或病部以上死亡。

【病原菌及发生规律】 病原菌称辣椒疫病真菌,属鞭毛菌亚门真菌。病菌主要以卵孢子随病残体在土壤中越冬。翌年卵孢子萌发产生芽管直接侵入寄主,后在由芽管发展成的菌丝上产生孢子梗和孢子囊,借风雨、灌溉水传播,进行反复再侵染。病菌从寄主表皮穿透侵入。只要条件适宜孢子囊接触在茄子果实后,24小时即可完成萌发、侵入并显现出水浸状褐色症状,64小时病部扩展可长出白色霉层。

温度为28℃～30℃、空气相对湿度85%以上有利于发病。露地茄子在高温多雨时发病重,棚室茄子灌大水,通风排湿不及时,出现闷热高湿情况,极易发病,定植过密,偏施氮肥,整枝打叶不当,均能加重病情发展。

【防治方法】 ①选用抗病品种在露地实行3年轮作,采用高垄或高畦覆盖地膜栽培。②棚室反季节栽培,加强通风排湿,空气相对湿度控制在70%以下。③发现茄子绵疫病立即喷药防治,可用25%甲霜灵可湿性粉剂800倍液,或75%百菌清可湿性粉剂500倍液,或68%甲霜·铝铜可湿性粉剂400倍液,或58%甲霜·锰锌可湿性粉剂500倍液,或64%噁霜灵可湿性粉剂600倍液,或72.2%霜霉威水剂800倍液,或72%先露可湿性粉剂500倍液,或69%烯酰锰锌可湿性粉剂800～1 000倍液。

(十一)茄子根足霉软腐病

【危害症状】 该病只危害果实,幼果、成果均可发病。果实发病,产生水浸状褐色病斑,很快扩展使整个果实变暗褐色软化腐烂,湿度大时病部表面产生出灰白色,顶端带有灰色头状物的毛状霉。病果大多数脱落。

【病原菌及发生规律】 病原菌为黑根真菌,属接合菌亚门真菌。病菌分布非常普遍,可在多种蔬菜的残体上以菌丝状态腐生存活,立春产生孢子囊,散出孢囊孢子借气流传播。因病菌腐生性强,为弱寄生菌,只能由伤口或生活力极度衰弱部位侵入。由于病菌分泌果胶酶能力强,破坏力极大,可引起病部组织细胞迅速解体而软化腐烂。在温度为23℃～28℃,空气相对湿度80%以上的条件下适于发病。棚室栽培茄子灌水次数多,或灌水量过大,通风排湿不及时,发病重。露地茄子伏雨季节发病较重。果实不及时采收也容易发病。

【防治方法】 ①培育适龄壮苗,适时定植,密度合理,及时整枝,适当摘除下部老叶。②增施有机肥,不偏施氮肥,避免大水漫灌。③棚室栽培加强通风排湿,控制发病条件。④发现病害及时喷药防治,可选用50%多菌灵可湿性粉剂500倍液,或50%甲基硫菌灵可湿性粉剂500倍液,或70%甲基硫菌灵可湿性粉剂800倍液,或75%敌磺钠可湿性粉剂800倍液,或10%混合氨基酸铜水剂200～300倍液,或40%多·硫悬浮剂600倍液,或77%氢氧化铜可湿性微粒粉剂500倍液,或5%菌毒清水剂500倍液,或25%络氨铜水剂300～400倍液,或25%丙环唑乳油2 500倍液,或嘧啶核苷类抗生素水剂200倍液喷洒。

(十二)茄子花叶病

茄子花叶病各地均有零星发生,病情有加重趋势,个别棚室危害较重,值得重视。

【危害症状】 茄子植株发病后植株出现矮化或明显矮化,上部叶片出现深绿与浅绿相间的斑驳花叶,严重时呈疱斑花叶。花芽分化能力减退,花少,果少。果实往往僵硬,小而畸形。

【毒原及发生规律】 毒原主要为黄瓜花叶病毒(CMV),其次是烟草花叶病毒(TMV),均属病毒。病毒不能在土壤病残体上存活,种子也不带毒,病毒主要在活的寄主植物体内越冬。冬季温室内生产的番茄、芹菜体内存在病毒。病毒在露地越冬的老根菠菜上越冬。病毒还可随大白菜、萝卜等在窖内越冬。病毒最多的是田间多年生杂草(种类很多),春天杂草返青,病毒由宿根上到地上部叶片上,成为田间病毒最初毒源。病毒只由蚜虫传播,为害茄子的蚜虫是病毒的主要传播媒介。高温干旱有利于发病,因高温有利于病毒增殖,并有利于蚜虫繁殖和迁飞活动,增加传毒可能性。管理粗放,田间杂草多,蚜虫防治不及时,发病严重。

【防治方法】 ①选用抗病毒品种,如辽茄 1 号、黑又亮、糙青茄等品种。②种子用 10％三磷酸钠溶液浸种 20 分钟,培育适龄壮苗,适时定植。清除田间及周边杂草。加强肥水管理,促进植株健壮生长。③露地茄子注意防蚜。温室后部张挂反光幕,大棚茄子挂银灰色薄膜条避蚜。④药剂防治,定植后定期喷施混合脂肪酸 100 倍液,以提高植株耐病力。发现病害及时喷布 20％吗胍·乙酸铜可湿性粉剂 500 倍液,或抗毒剂 1 号水剂 300 倍液,或 5％菌毒清水剂 300 倍液。

五、虫害防治

(一)蚜螨类害虫

为害茄子的蚜螨类害虫有蚜虫、红蜘蛛和茶黄螨,均属刺吸式口器害虫,对露地和保护地生产的茄子均可为害。蚜螨类害虫的为害情况及防治方法接近。

1. 蚜虫 蚜虫的种类很多,为害茄子的蚜虫是桃蚜,又叫菜蚜,俗名称蜜虫或腻虫。可为害多种蔬菜。

【为害症状】 以成蚜和若蚜在茄子叶片背面和嫩茎上吸取汁液,造成叶片生长不良,叶片褪色、枯黄。蚜虫还传播病毒,引起病毒病发生,其危害远远超过蚜虫本身的为害。

【害虫的特征特性】 桃蚜在北方 1 年发生 10 余代,由于发育期短,无翅胎生蚜产仔期长,所以世代重叠现象极为严重,以至无法分清世代。桃蚜多以受精卵在桃树上越冬,翌年在桃树上繁殖几代,再生产有翅蚜迁飞为害。另一种是受精卵种无翅蚜在窖藏大白菜心里越冬,或在菠菜上越冬,翌年春天产生有翅蚜迁飞。在温室只有为害没有越冬现象。桃蚜发育起点温度为 4.3℃,最适宜温度为 24℃,温度过高、过低均受抑制。

【防治方法】　棚室栽培茄子发生虫害时期,在防风口处设置防虫网,阻止迁飞蚜虫进入棚室。露地茄子发生蚜虫立即喷药防治,可用 20%氰戊菊酯乳油 3 000 倍液,或 20%甲氰菊酯乳油 2 000 倍液,或 2.5%三氟氯氰菊酯乳油 4 000 倍液,或 2.5%联苯菊酯乳油 3 000 倍液,或 21%增效氰·马乳油 6 000 倍液,或 10%氯氰菊酯乳油 2 000~3 000 倍液喷洒。

2. 红蜘蛛　红蜘蛛又称棉叶螨,为害多种蔬菜,以茄果类、豆类受害最为严重。

【为害症状】　以成螨和若螨群栖在茄子叶片背面吸食汁液,尤以叶片中脉两侧的害虫最为集中,为害最重时可分布全叶。受害叶片初期叶正面出现白色小斑点,逐渐全叶褪绿呈黄白色,严重时叶片变锈褐色,整个叶片枯焦脱落,致使全株枯死。果实受害后,果皮粗糙呈灰白色。

【害虫的特征特性】　红蜘蛛又叫朱砂叶螨,属蛛形纲害虫。雌成螨梨形,体长超过 0.5 毫米,锈红色或红褐色。体背两侧各有一块长形黑斑,有的黑斑分两块。螯肢有心形的口针鞘和口针。须肢胫节爪强大。腿 2 对,位于前足体背面。背毛 12 对,呈刚毛状,无臀毛。腹毛 16 对。肛门前方有生殖瓣和生殖孔。生殖孔周围有放射状的生殖皱襞。气门沟呈膝状弯曲。雄成螨体长 0.3 毫米,腹部末端略尖,背毛 13 对。幼螨只有 3 对足。幼螨蜕皮后为若螨,具有 4 对足。

红蜘蛛一年发生 10~20 代,其发生代数由北向南逐渐增多。以雌成螨在枯枝落叶下、杂草丛中和土缝里越冬。越冬后雌成螨开始活动,并产卵于杂草及其他作物上。在保护地内发生更早,至 5~6 月份迁至菜田,初期点片发生,逐渐扩散到全田。晚秋随着温度下降迁飞到越冬寄主上越冬。朱砂叶螨可孤雌生殖和两性生殖,但孤雌生殖的后代全部为雌螨。羽化后的成螨即可交尾,雌雄螨有多次交尾的习性,一般交尾两天后即可产卵。卵孵化后称幼螨,雌性幼螨经两次蜕皮变成 2~3 龄幼螨,分别称前期若螨和后期若螨,均为 4 对足。雄性幼螨只蜕 1 次皮,仅有前期若螨。幼螨和前期若螨不活泼,后期若螨活泼、贪食,并有向上爬的习性。朱砂叶螨一般从下部叶片开始发生,逐渐向上蔓延。当繁殖量大时,常在植株顶尖群集用丝结团滚落地面向四处扩散。

朱砂叶螨发生最适宜温度为 29℃~31℃,空气相对湿度为 35%~55%。温度超过 31℃,空气相对湿度在 70% 以上时,对朱砂叶螨发育不利。植株的营养对其发育有影响,叶片含氮量高时,虫量大,为害严重。朱砂叶螨的天敌有小花蝽、草蛉、小黑瓢虫等。

【防治方法】 及时清除生产田及保护地周边杂草、枯枝老叶,减少虫源。避免偏施氮肥,应氮、磷、钾肥配合施用。避免干旱,适时适量浇水。棚室生产茄子,设置防虫网阻止害虫进入。露地发现虫害立即喷药防治,可用 73% 炔螨特乳油 2 500 倍液,或 5% 噻螨酮乳油 3 000 倍液,或 50% 溴螨酯乳油 1 000 倍液,或 40% 菊·马乳油 2 000~3 000 倍液,或 40 菊·杀乳油 2 000~3 000 倍液。

3. 茶黄螨 茶黄螨又称茶嫩叶螨、茶半跗线螨,主要为害茄果类蔬菜。

【为害症状】 茶黄螨的成螨、幼螨均可为害。一般集中在幼嫩部位吸食汁液,受害叶片变灰褐色或黄褐色,并出现油渍状,叶缘向下卷曲。嫩茎、嫩枝受害后变褐色,扭曲,严重时顶部干枯。茄子果实受害后引起果皮龟裂,果肉种子裸露。植株矮小丛生,落花、落果。

【害虫的特征特性】 茶黄螨属蛛形纲螨目跗线科螨类害虫。

雌成螨体长 0.2 毫米,体椭圆形宽扩,腹末端平截,体浅黄色半透明。体区分节不明显,足较短,第四对纤细,其跗节末端有端毛。雄成螨体型略小于雌成螨,体近六角形,其末端五圆锥形,体淡黄色,半透明。足长且较粗壮,第三和第四对足基节相连接,第四对足的胫节和跗节融合成胫跗节,其上有一个爪如同鸡爪状,足的末端为一瘤状。幼螨体椭圆形,浅绿色,具 3 对足。若螨长椭圆形,是一个静止的生长发育阶段,被幼螨的表皮包围。

茶黄螨一年发生多代。在南方以成螨在土缝、蔬菜及杂草根际越冬。北方主要在温室蔬菜上越冬。在冬暖地区和北方温室内可周年繁殖为害,无越冬现象。越冬代成虫于翌年 5 月份开始活动,从 6 月下旬至 9 月中旬为其发生盛期,10 月份以后随着温度的下降逐渐减少。以两性繁殖为主,也有孤雌生殖,但孤雌生殖的卵孵化率很低。雌虫产卵于叶背或幼果凹陷处,散产,一般 2～3 天即可孵化。幼螨期 2～3 天,若螨期 2～3 天。成螨活跃,尤其雌螨活动力强。雄螨能准确辨别雌若螨,常聚集在雌若螨旁边,并可携带雌性若螨向植株上部幼嫩部分迁移取食。茶黄螨除靠本身爬行扩散外,还可借风作远距离传播。此外,菜田、人、畜均可携带传播。茶黄螨喜温暖潮湿条件,生长繁殖最适温度为 18℃～25℃,空气相对湿度为 80％～90％,高温对其繁殖不利。遇高温成螨寿命缩短,繁殖力降低,有的甚至失去正常生殖能力。

【防治方法】 ①清除生产田及棚室周边杂草,定植前仔细检查,防止栽植带虫秧苗。②棚室栽培茄子要覆盖防虫网,阻止一切害虫进入。③发现茶黄螨要及时用药剂防治,可喷布 73％克螨特乳油 2 000 倍液,或 5％噻螨酮乳油 2 000 倍液,或 20％甲氰菊酯乳油 3 000 倍液,或 20％双甲脒乳油 1 000 倍液,或 35％炔螨特乳油 1 000 倍液,或 25％噻嗪酮可湿性粉剂 2 000 倍液。

(二)蛾类害虫

蛾类害虫主要有鳞翅目的棉铃虫、同翅目的温室白粉虱。棉铃虫为咀嚼式口器害虫,温室白粉虱为刺吸式口器害虫。

1. 棉铃虫 该虫食性很杂,可为害多种蔬菜。

【为害症状】 以幼虫蛀食花蕾、花、果、嫩叶、芽、嫩梢。花和幼果受害后脱落,成果受害时被蛀入果实内食害果肉。

【害虫的特征特性】 成虫体长 15～17 毫米,翅展 27～28 毫米。体色变化较大,一般雌虫灰褐色,雄虫灰绿色。前翅正面肾状纹、环状纹各条横线不太清晰,中横线斜伸,末端达环状纹正下方。后翅近外缘有黑褐色宽带,后翅翅脉褐色。老熟幼虫体长 30～42毫米,体色有浅绿色、绿色、黄褐色、黑紫色等各种颜色。头部黄褐色。背线、亚背线和气门上线呈深色纵线。前胸气门多涂白色,围气门片黑色。气门前两侧毛连线与气门下端相切相交。体表不光滑,有小刺。小刺长而尖且底座较大。

一年发生 2～6 代,由北向南逐渐增加。在南方以蛹越冬。在北方一年发生 3 代。在北方,4 月下旬至 5 月上旬有少量越冬代成虫,6 月中旬为一代成虫盛发期,7 月份为二代幼虫为害盛期,8月份为三代成虫为害盛期。成虫夜间活动,取食花蜜、交尾、产卵。大部分卵散产于嫩叶、花蕾,每个雌虫产卵 100～200 粒。成虫对黑光灯和半干枯杨树枝有趋性。初孵幼虫啃食嫩叶、花蕾,3 龄后蛀果为害。喜温暖潮湿条件,幼虫发育以 25℃～28℃、空气相对湿度 75%～90%最为适宜。成虫发生期,若田间蜜源充足,则产卵量大,为害严重。

【防治方法】 在卵高峰期后 3～4 天及 6～8 天,连续两次喷苏云金杆菌乳剂,或 HD-1,或棉铃虫核型多角体病毒,使大量幼虫得病而死。在幼虫 2 龄前及时喷洒 2.5%三氟氯氰菊酯乳油5 000 倍液,或 2.5%联苯菊酯乳油 3 000 倍液,或 2.5%溴氰菊酯乳油 2 500～3 000 倍液,或 20％氰戊菊酯乳油 2 500 倍液,或 10％菊·马乳油 1 500 倍液。

2. 温室白粉虱

【为害症状】　以成虫和若虫群集于叶背面吸食汁液,造成叶片褪色、变黄、萎蔫,严重时植株枯死。该虫在为害的同时还可分泌大量蜜露,污染叶片和果实,影响光合作用。

【害虫的特征特性】　成虫长 1 毫米左右,身体浅黄色,翅覆盖白色蜡粉似小白蛾子。若虫扁椭圆形,浅黄色或淡绿色,2 龄以后足消失而固定在叶面不动。体表有长短不齐的蜡丝。若虫共 3 龄,4 龄若虫不再取食,固定在叶背面称为伪蛹。伪蛹椭圆形扁平,中央隆起,浅黄绿色,体背 11 对蜡丝。在北方温室条件下,该虫一年可发生 10 余代,冬季在露地不能越冬,可以各种虫态在温室蔬菜上越冬或继续繁殖为害。翌年春天随育苗移栽或成虫迁飞,不断扩展蔓延,成为保护地和露地的重要虫源。7～8 月份虫量增加迅速,8～9 月份造成严重为害,10 月以后随着气温的下降,虫量减少,并迁移到保护地内越冬。成虫不喜飞,趋黄性强,趋绿,对白色有忌避性,一般群集于叶背面取食、产卵。成虫有趋嫩性,随着植株生长而不断向嫩叶上迁移,卵、若虫、伪蛹留在原叶片上。因此,各虫态在植株上的分布有一定的规律。一般上部叶片成虫和新产的卵较多,中部叶片快孵化的卵和小若虫较多。成虫、若虫均分泌蜜露。成虫发育最适温度为 25℃～30℃,温度高达 40.5℃时,成虫活动力显著下降。若虫抗寒力较弱。

【防治方法】　在该虫发生盛期,在大棚和温室中设置涂黏油的黄色板诱杀成虫。新建棚室或没有白粉虱的棚室要设置防虫网,阻止一切害虫进入。严重发生白粉虱的大棚和温室可释放丽蚜小蜂或草蛉,利用害虫天敌控制虫量。还可利用药剂防治的方法进行防治,用 25％噻嗪酮可湿性粉剂 1 000 倍液,或 2.5％联苯菊酯乳油 3 000 倍液,或 2.5％三氟氯氰菊酯乳油 3 000 倍液,或

20％甲氰菊酯乳油 2 000 倍液，或 50％乐果乳油 1 000 倍液喷雾。在温室密闭的条件下，用敌敌畏乳油熏蒸，每 667 平方米温室用敌敌畏乳油 0.4～0.6 千克。

(三)地下害虫

为害茄子的地下害虫主要有蝼蛄、蛴螬和地老虎。

1. 蝼蛄 俗名拉拉蛄、地拉蛄，各地普遍有发生，为害严重。

【为害症状】 蝼蛄成虫、若虫在土中咬食播下的种子、幼芽，或将幼苗咬断致死。受害的根部呈乱麻状。特别是茄子播种床，由于蝼蛄活动，将表土层钻成许多隧道，使幼苗与床土分离，失水枯死，造成缺苗。

【害虫的特征特性】 常见的蝼蛄有非洲蝼蛄和华北蝼蛄，均属于直翅目害虫。非洲蝼蛄体长 30～35 毫米，灰褐色，全身密布细毛。触角丝状。前胸背板卵圆形，中间有一明显暗红色心脏形凹陷斑。前翅鳞片状，灰褐色，仅达到腹部 1/2。腹末具一对尾须。前足为开掘足，后足胫节背面内侧有刺 3～4 根。华北蝼蛄体形比非洲蝼蛄大，体长 36～55 毫米，黄褐色，前胸背板心脏形凹陷不明显，后足胫节背面有刺 1 根或消失。

非洲蝼蛄在北方两年完成一代，南方一年完成一代。以成虫或若虫在冻土层以下和地下水位以上土中越冬。6 月上旬至 6 月中旬是蝼蛄为害盛期。春季由于棚室土温较高，土壤疏松，有机质多，有利于蝼蛄活动，为害早而重。华北蝼蛄约三年完成一代，卵期 22 天，若虫期约两年，成虫期近一年，也以成虫和若虫在土中越冬。

两种蝼蛄均昼伏夜出，夜间 21～23 时为活动取食高峰，棚室灌水后活动更甚。具趋光性和喜湿性，对甜香物质和炒香的豆饼、麦麸及马粪等有机质具有强烈趋性。非洲蝼蛄多发生在低洼潮湿地区，华北蝼蛄多发生在盐碱、低湿地区，其卵也喜产于此地区。

非洲蝼蛄产卵期约两个月,每头雌虫产卵 10～100 粒,华北蝼蛄可产卵 288～368 粒。

【防治方法】 ①施充分腐熟的有机肥,尤其更应注意施马粪,因为蝼蛄对马粪有较强趋性。②采用灯光诱杀非洲蝼蛄效果更好。③用毒谷、毒饵诱杀蝼蛄,将 15 千克豆饼、松子饼、麦麸、玉米碎粒炒香,或将 15 千克谷子、秕谷子煮成半熟,稍晾干,再用 50％辛硫磷微胶囊剂,任一种药剂 0.5 千克加水 0.5 升,与炒香的饵料或煮半熟的谷子、秕谷子混拌均匀,做成毒饵或毒谷,每 667 平方米用量为 2～3 千克。还可用 40％乐果乳油或 90％晶体敌百虫 0.5 千克加水 5 升拌炒香的饵料,每 667 平方米用量为 1.5～2.5 千克;或加水 5 升,拌 50 千克饵料,每 667 平方米用量为 1.5～2.5 千克,毒饵可直接均匀撒于地表,或随播种、定植时撒于垄沟或定植穴内。已发现蝼蛄为害时,可撒于其隧道内或隧道口附近。④用毒粪诱杀。用 4％敌·马粉剂与新鲜马粪按 1∶5 拌成毒粪。每 667 平方米用毒粪 5 千克撒于隧道处或挖坑放入毒土后覆土。

2. 蛴螬 蛴螬为金龟子幼虫的统称,俗称白土蚕、蛭虫、大脑袋虫等。该虫为害多种作物和蔬菜,各地普遍发生。

【为害症状】 蛴螬能直接咬断蔬菜幼苗的根、茎,致使全株枯死,造成缺苗断垄。

【害虫的特征特性】 菜田蛴螬最主要的是东北大黑鳃金龟,属鞘翅目害虫。东北大黑鳃金龟老熟幼虫体长 35～45 毫米,身体多皱褶,静止时弯成"C"形,臂节粗大。头部黄褐色,胸腹部乳白色。头部前顶刚毛每侧各 3 根纵列一排。肛门气孔呈放射裂缝状,肛腹片后部覆毛区无刺毛列,散生钩状刚毛。成虫体长 16～22 毫米,体黑色或黑褐色,小盾片呈半圆形。鞘翅长椭圆形有光泽,每侧各有 4 条明显纵肋。前足胫节外侧具 3 个齿,内侧有 1 个距。

各地多为两年一代,以幼虫和成虫在土中越冬。5～7 月份成虫大量出现,6月中下旬为产卵盛期,7月中旬为孵化盛期。10月中下旬幼虫开始下迁,一般在55~145厘米深土层中越冬。越冬幼虫翌年5月上中旬上升到表土层为害幼苗的根、茎等地下部分。为害盛期在5月下旬至6月上旬。7月中旬至9月中旬老熟幼虫在地下土室化蛹,蛹期20天左右,8月下旬至9月初为羽化高峰。成虫当年不出土,在土室内越冬。翌年4月下旬开始出土活动,以晚8~9时为取食、交尾活动盛期。成虫有假死性和趋光性,并对未腐熟的厩肥有强烈趋性。成熟雌虫每头可产卵100粒左右。幼虫在土壤中的垂直活动与土壤温、湿度关系密切,当10厘米地温达5℃时上升至表土层,13℃~18℃时活动最盛,23℃以上则往深土层活动。土壤湿润时,蛴螬活动性强。

【防治方法】 ①深秋季节适时深翻土地,可将部分幼虫及成虫翻出地表,使其被冻死、风干或被天敌捕食和机械损伤。②施基肥时必须施充分腐熟的农家肥,避免带入虫卵。③播种和定植前撒施毒土。毒土配制:用辛硫磷乳油或25%辛硫磷微胶囊剂,每667平方米用0.1~0.15千克对水1.5升,拌土15千克。④喷药防治。田间发生蛴螬为害时,可用50%辛硫磷乳油2 000~3 000倍液,或90%晶体敌百虫800倍液灌根。

3. 地老虎 又称切根虫、截虫。各地均有发生,为害多种蔬菜。

【为害症状】 地老虎幼虫咬断近地面的茎部,使整株枯死,造成缺苗断垄,严重时甚至需要补种。

【害虫的特征特性】 小地老虎,属于鳞翅目害虫。成虫体长16~23毫米,暗褐色。前翅由内横线、外横线将全翅分为三段,具有显著的肾状斑、环状纹,剑状,肾状斑外有1个尖端向外的楔形黑斑,亚缘线内侧有两个尖端向内的楔形黑斑。幼虫黑褐色,老熟幼虫长37~47毫米,体表粗糙,密布大小不等的颗粒。腹背各节有4个毛片,前两个比后两个小。腹部末节的臀板黄褐色,有对称的两条深褐色纵带。

在辽宁省地老虎一年发生 2～3 代,往南代数逐渐增多。淮河以北地区地老虎不能越冬,长江流域以老熟幼虫、蛹及成虫越冬,华南地区则全年均可繁殖为害。

地老虎成虫对黑光灯和糖酒醋混合液有强烈趋性。成虫昼伏夜出,以 19～20 时产卵最盛,卵多产在灰菜、刺儿菜、小旋花等幼苗叶背和嫩茎上,也可产在番茄、辣椒的叶片上。每头雌虫可产卵800～1 000 粒。幼虫 6 龄,1～3 龄幼虫常将地面上的叶片咬成孔洞或缺刻,4 龄后幼虫有假死性,受惊时缩成环形。老熟幼虫潜入地下 3 厘米处化蛹。

【防治方法】　①在早春清除田间、地头、路边、渠旁的杂草集中处理,可消灭地老虎产于杂草上的卵和在杂草上取食的初孵化幼虫。②在地老虎成虫盛期,可利用黑光灯,糖酒醋混合液诱杀其成虫。③发现地老虎为害茄苗根颈部,可在清晨捕捉幼虫。④在地老虎幼虫 1～2 龄时,抓紧时间进行药剂防治,可喷布 20%氰戊菊酯乳油 2 500～3 000 倍液,或 20%菊·马乳油 3 000 倍液,或50%辛硫磷乳油 1 000 倍液,或 2.5%溴氰菊酯乳油 3 000 倍液,或90%晶体敌百虫 1 000 倍液。也可喷撒 2.5%敌百虫粉或撒毒土。⑤诱杀地老虎幼虫。用菜叶或鲜草(灰菜、刺儿菜、苦荬菜、小旋花等)切成 1.5 厘米长,用 90%晶体敌百虫 0.5 千克,加水 2.5～5升,拌菜叶(鲜草)50 千克制成毒饵在傍晚撒施田中,每 667 平方米撒 15～20 千克。⑥人工捕捉。在定植茄子前将地面杂草清理干净,而后于傍晚每 5～6 平方米放一堆鲜嫩草,清晨翻动草堆将集中在草堆下的幼虫捕杀。

附 录

无公害蔬菜生产禁止使用的农药种类表

种　类	农药名称	禁用原因
无机砷杀虫剂	砷酸钙、砷酸铝	
有机砷杀菌剂	甲基砷酸锌、甲基砷酸铁铵(四安)、福美甲砷、福美砷	高毒
有机锡杀菌剂	薯瘟锡(三苯基醋酸锡)、三苯氯化锡和毒菌锡	高残毒
有机汞杀菌剂	氯化乙基汞(西力生)、醋酸苯汞(赛力散)	高残毒
氟制剂	氟化硅、氟化钠、氟乙酸钠、氟乙酸胺、氟铝醋酸钠、氟硅酸钠	剧毒、高残毒
有机氯杀虫剂	DDT、六六六、林丹、艾氏剂、狄氏剂	剧毒、高毒，易产生药害
有机氯杀螨剂	三氯杀螨醇	高残毒
卤代甲烷熏蒸杀虫剂	二溴乙烷、二溴氯丙烷	致癌、致畸
有机磷杀虫剂	甲拌磷、乙拌磷、久效磷、对硫磷(1605)、甲基对硫磷、甲基异柳磷、治螟磷、氧化乐果、磷胺、甲胺磷	高毒
有机磷杀菌剂	稻瘟净、异稻瘟净(异溴米)	高毒
氨基甲酸酯杀虫剂	呋喃丹、涕灭威、灭多威	高毒

续　表

种　类	农药名称	禁用原因
二甲基甲脒类杀虫杀螨剂	杀虫脒	慢性毒性致癌
取代苯类杀虫杀菌剂	五氯硝基苯、稻瘟醇（五氯苯甲醇）	国外有报道或二次药害
二苯醚类除草剂	除草醚、草松醚	慢性毒性

金盾版图书，科学实用，
通俗易懂，物美价廉，欢迎选购

图说甘蓝高效栽培关键技术	16.00	图册	18.00
		马铃薯病虫害防治	6.00
茼蒿薤菜无公害高效栽培	8.00	马铃薯淀粉生产技术	14.00
红菜薹优质高产栽培技术	9.00	马铃薯芋头山药出口标准	
根菜类蔬菜周年生产技术	12.00	与生产技术	10.00
根菜类蔬菜良种引种指导	13.00	瓜类蔬菜良种引种指导	16.00
萝卜高产栽培(第二次修		瓜类蔬菜制种技术	7.50
订版)	5.50	瓜类豆类蔬菜施肥技术	8.00
萝卜标准化生产技术	7.00	瓜类蔬菜保护地嫁接栽培	
萝卜胡萝卜无公害高效栽		配套技术 120 题	6.50
培	7.00	瓜类蔬菜病虫害诊断与防	
提高萝卜商品性栽培技术		治原色图谱	45.00
问答	10.00	黄瓜高产栽培(第二次修	
萝卜胡萝卜病虫害及防治		订版)	8.00
原色图册	14.00	黄瓜无公害高效栽培	9.00
提高胡萝卜商品性栽培技		黄瓜标准化生产技术	10.00
术问答	6.00	怎样提高黄瓜种植效益	7.00
马铃薯栽培技术(第二版)	9.50	提高黄瓜商品性栽培技术	
马铃薯高效栽培技术(第		问答	11.00
2 版)	18.00	大棚日光温室黄瓜栽培(修	
马铃薯稻田免耕稻草全程		订版)	13.00
覆盖栽培技术	10.00	寿光菜农日光温室黄瓜高	
怎样提高马铃薯种植效益	8.00	效栽培	13.00
提高马铃薯商品性栽培技		棚室黄瓜高效栽培教材	6.00
术问答	11.00	图说温室黄瓜高效栽培关	
马铃薯脱毒种薯生产与高		键技术	9.50
产栽培	8.00	无刺黄瓜优质高产栽培技	
马铃薯病虫害及防治原色		术	7.50

以上图书由全国各地新华书店经销。凡向本社邮购图书或音像制品,可通过邮局汇款,在汇单"附言"栏填写所购书目,邮购图书均可享受 9 折优惠。购书 30 元(按打折后实款计算)以上的免收邮挂费,购书不足 30 元的按邮局资费标准收取 3 元挂号费,邮寄费由我社承担。邮购地址:北京市丰台区晓月中路 29 号,邮政编码:100072,联系人:金友,电话:(010)83210681、83210682、83219215、83219217(传真)。